面包制作
MIANBAO ZHIZUO

主　编　孙　伟
副主编　周祎维　张　玲　张佳艳

U0391269

广西科学技术出版社

图书在版编目（CIP）数据

面包制作 / 孙伟主编. —南宁：广西科学技术出版社，2017.1（2019.1 重印）
ISBN 978-7-5551-0702-6

Ⅰ.①面… Ⅱ.①孙… Ⅲ.①面包—制作—中等专业学校—教
材 Ⅳ.① TS213.21

中国版本图书馆 CIP 数据核字（2017）第 015291 号

MIANBAO ZHIZUO
面包制作

孙 伟 主编

策划 / 组稿：丘 平		封面设计：邓 玲	
责 任 编 辑：丘 平		责任印制：韦文印	
责 任 校 对：高海江			

出 版 人：卢培钊		出版发行：广西科学技术出版社	
社 址：广西南宁市东葛路 66 号		邮政编码：530022	
网 址：http://www.gxkjs.com			

经 销：全国各地新华书店			
印 刷：广西万泰印务有限公司			
地 址：南宁市经济开发区迎凯路 25 号		邮政编码：530031	
开 本：787mm×1092mm 1/16			
印 张：10.25		字 数：190 千字	
版 次：2017 年 1 月第 1 版		印 次：2019 年 1 月第 2 次印刷	
书 号：ISBN 978-7-5551-0702-6			
定 价：42.00 元			

前　言

　　当前，中等职业学校的课程改革进行得如火如荼，校本教材也如雨后春笋般涌现，这既是教材建设自身发展的需要，也是对校园文化的充实和丰富。为了适应职业学校的教学要求和教学实际情况，广西柳州市第一职业技术学校旅游烹饪专业部面点专业的教师编写了《面包制作》一书，供本校教学使用。

　　本书主要由理论篇和实践篇组成，理论篇主要介绍面包制作的基础知识，包括面包制作的常用设备和主要原料、面包制作的工艺、面包制作的评价及常见问题；实践篇主要介绍常见面包制作的实例，图文并茂详细讲解了24款面包的制作过程，操作方法更直观化、简单化，产品的制作过程一目了然，为初学者提供了专业化的指导和实例的展示。

　　本书由广西柳州市第一职业技术学校面点高级技师孙伟担任主编，周祎维、张玲和广西科技大学鹿山学院张佳艳担任副主编，具体分工如下：理论篇中的第一章由张玲编写，第二章由周祎维编写，第三章由张佳艳编写；实践篇中的面包制作实例由孙伟编写；全书由孙伟进行统稿和定稿。本书实践篇中的图片由周祎维拍摄，另外在编写的过程中还得到了李可、计益兰的指导和帮助，在此一并表示感谢。

　　由于时间仓促，限于编者水平和经验，书中不足之处在所难免，敬请广大读者朋友提出宝贵意见和建议。

编者

目　录

理论篇

面包制作的基础知识

人类的杰作——面包

远古时代，人类的祖先在寻找食物时，发现植物的果实、叶、茎、根虽然能饱腹，但却不易消化，而种子又包有硬壳，咀嚼、吞咽都很困难，应该怎样解决呢？后来，他们经过仔细观察后发现，鹿和马具有梭锥形的臼齿，可磨碎纤维；鸟具有嗉囊，可积存食物及湿润食物颗粒；牛、羊和骆驼具有多个胃，咀嚼后的青草可在胃中慢慢搅拌，然后进入小肠，肠液中因含有帮助消化的物质，所以能软化粗糙的食物，帮助吸收维持生命的养料。人们受到很大的启发，于是，他们归结了这些发现，并加以发挥。经过尝试，人们终于学会模仿鸟的嗉囊，建造仓库积存壳类植物；制造像鹿牙般的石磨，先碾碎麦粒的坚硬外壳，精磨成面粉，再加水搅拌均匀搓成面团，拌入酵母，用模具塑造出精美的造型，再用火把面团烤香。从此，色香味俱全且又易消化的面包就这样诞生了。

第一章　面包制作的常用设备和主要原料

第一节　常用设备

一、电烤箱

电烤箱是利用电热元件所发出的辐射热来烘烤食品的电热设备，主要由箱体、电热元件、调温器、定时器和功率调节开关等构成。其箱体主要由外壳、中隔层、内胆三层结构组成，在内胆的前后边上形成卷边，以隔断腔体空气；在外层腔体中填充绝缘的膨胀珍珠岩制品，使外壳温度大大减低；同时在门的下面安装弹簧结构，使门始终紧压在门框上，具有较好的密封性。

电烤箱

电烤箱一般都具有自动控温、定时、变换功率等功能。根据烘焙面包品种的不同需要，温度一般可在50～250 ℃范围内调节。电烤箱的规格是以功率来划分的，为满足基本烘焙要求，至少应选900 W以上的。高功率电烤箱升温快、热损少、用电省，尤其是自控电烤箱，更应选择大功率的为好。面包厂、面包房则需要10 000 W以上的大型电烤箱。

电烤箱使用完毕后，应注意拔掉电源插头，使电烤箱自然冷却至室温，以防触电或烫伤。加热管是电烤箱的重要部件，烘焙食物时滴下的油经常会黏在加热管表面，如果不及时清洗，就会积成油垢，影响加热管的加热效率，所以每次使用完毕后都要及时清理干净。清洗电烤箱内、外壁时，最好使用干抹布擦拭，如果油污比较重，可以使用少量洗洁精，但千万不能让水滴到电烤箱里，否则很容易造成电烤箱故障。

二、双动和面机

双动和面机又称拌粉机，是利用机械作用将粉料、水和其他配料搅拌调和制成面团。双动和面机主要由电动机、传动装置、面箱搅拌器、控制开关等部件组成，其工作效率比手工操作高5～10倍，是糕点制作中最常用的设备之一。

双动和面机工作时，搅拌桨的转动首先使面粉均匀地与水结合，形成胶体状态的不规则小团粒，进而使小团粒黏结逐渐形成一些零散的大团块。随着桨叶的不断推动，团块扩展揉捏成整体面团。在此过程中，搅拌桨对面团进行剪切、折叠、压延、拉伸及揉和等工序，使调制出的面团具有一定的弹性、韧性和延伸性，成为满足一定工艺要求的理想面团。

三、压面机

压面机又称滚压机，主要由机身架、电动机、传送带、滚轮等部件构成。其功能是将和好的面团通过压辊之间的间隙，压成所需厚度的皮料，即各种面团卷、面皮。

四、分割滚圆机

分割滚圆机构造比较复杂，其主要用途是把面团均匀地进行分割，并将面团搓圆。其特点是分割速度快、分割量准确、成型规范。

双动和面机

压面机

分割滚圆机

五、醒发机

醒发机是根据面包发酵原理和要求设计的电热产品。它是通过控制电路，利用电热管使发酵箱内产生相对湿度为 80%～85%，温度为 36～38 ℃，这是最适合面包发酵的环境，可帮助成型后的面包坯完成后发酵过程。它具有结构紧凑、美观大方、操作简单、使用可靠等特点，是生产面包必不可少的配套设备。

醒发机

六、起酥机

起酥机是制作起酥面包等酥皮加工的设备。用于制作酥皮、可颂面包、千层酥、丹麦蛋糕、酥皮月饼、苹果派等，它能将面团轧成多层的薄片，使面皮酥软均匀，色、香、味、形俱佳。该设备可以双向、前快后慢转动，开酥效果好，起酥薄厚可以调节，能快速来回碾压整形。

起酥机

第二节　面粉

面粉即小麦粉，由小麦籽粒磨成粉而得，是西点制作的主要原料之一。大多数烘焙类西点食品，如面包、蛋糕、曲奇等，都是以面粉为其形态、结构的主要原料。因此，面粉的性质对西点的加工工艺和品质起着决定性的作用，而面粉的工艺性质往往是由小麦的种类、性质和制粉工艺决定的。了解和掌握小麦的结构、种类、性质以及面粉的化学组成、工艺性能，将有助于我们更好地学习、掌握西点制作技艺，并且能够帮助我们解决加工过程中以及开发研制过程中遇到的各种问题。

一、小麦的结构、种类及性质

（一）小麦的结构与化学组成

麦粒由皮层、糊粉层、胚乳和胚芽等几部分构成。皮层包括种皮和果皮，占麦粒总重的 8%～12%，由纤维素和半纤维素组成，磨粉时被除去。糊粉层由纤维素、半纤维素、非面筋蛋白质、少量脂肪和维生素组成，占麦粒总重的 7%～9%，磨粉时也应除去，但其紧贴胚乳，韧性很强，不易与胚乳分离，磨粉时不易完全除去。一般制粉精度越低的面粉，糊粉层含量越高，反之越低。糊粉层与皮层一起构成小麦的麸皮，制粉时皮层较容易与其他部分分离，因而残留在面粉中的麸皮主要是糊粉层部分。在评价面粉工艺性能时，麸皮含量越少越好，因为麸皮会影响面团的结合力、持气力以及制品色泽。

面粉

包裹在糊粉层内部的是胚乳。小麦胚乳是构成面粉的主体，约占麦粒总重的80%，由淀粉和蛋白质组成。整个麦粒所含的淀粉和面筋蛋白质都集中在胚乳中，面粉的质量、性质也由这部分物质所决定。

胚芽位于麦粒的下端，占麦粒总重的 1.4% ～ 2.2%，含有大量的脂肪和酶类，此外还含有蛋白质、糖类、维生素等。脂肪和酶易使面粉在贮藏中酸败变质，磨粉时应与麸皮一起被除去。

（二）小麦的种类与性质

小麦按播种季节可分为冬小麦和春小麦。一般来说，春小麦较冬小麦产量低，但作为面包用小麦，春小麦中性质优良的品种较多。

小麦按皮色可分为红麦和白麦，还有介于其间的所谓黄麦、棕麦。白麦大多为软麦，粉色较白，出粉率较高，但多数情况下筋力较红麦差一些。红麦大多为硬麦，粉色较深，麦粒结构紧密，出粉率较低，但筋力较强。

小麦按胚乳质地可分为角质小麦和粉质小麦。一般识别方法是将小麦以横断面切开，其断面呈粉状就称作粉质小麦，呈半透明状就称作角质小麦或玻璃质小麦，介于两者之间的称作中间质小麦。角质小麦又称硬质小麦或硬麦，其胚乳中的蛋白质含量较高，蛋白质充塞于淀粉分子之间。淀粉之间的空隙小，蛋白质与淀粉紧密结成一体，因而粒质呈半透明玻璃质状态，硬度大。通常小麦蛋白质含量越高，粒质越紧密，麦粒硬度越高。硬质小麦磨制的面粉一般呈砂粒状，大部分是完整的胚乳细胞，面筋质量好，面粉呈乳黄色，适宜制作面包、馒头、饺子等食品，但不宜制作蛋糕、饼干。粉质小麦又称软质小麦或软麦，其胚乳中蛋白质含量较低，淀粉粒之间的空隙较大，粒质呈粉质状态，硬度低，粒质软。粉质小麦磨制的面粉颗粒细小，破损淀粉少，蛋白质含量低，适宜制作蛋糕、酥点、饼干等。

二、小麦和面粉的化学成分及性质

小麦和面粉的化学成分不仅决定其营养价值，而且对西点制品的加工工艺也有很大影响。小麦和面粉的化学成分主要有碳水化合物、蛋白质、脂肪、矿物质、水分和少量的维生素、酶类等。小麦籽粒的化学成分由于品种、产区、气候和栽培条件的不同变化范围很大，尤其是蛋白质含量相差很大。面粉的化学成分则不仅因小麦品种和栽培条件而异，而且还受制粉方法和面粉等级的影响。

（一）碳水化合物

碳水化合物是小麦和面粉中含量最高的化学成分，分别占麦粒总重的70%，占面粉总重的 73% ～ 75%。主要包括淀粉、糊精、纤维素、游离糖。

1. 淀粉

淀粉是小麦和面粉中最主要的碳水化合物，分别占麦粒总重的 57%，占面粉总重的 67% 左右。小麦籽粒中的淀粉以淀粉粒的形式存在于胚乳细胞中。淀粉是葡萄糖的自然聚合体，根据葡萄糖分子间链接方式的不同而分为直链淀粉和支链淀粉两种。在小麦淀粉中，直链淀粉占 19% ~ 26%，支链淀粉占 74% ~ 81%。直链淀粉易溶于温水，生成的胶体黏性不大，而支链淀粉需在加热并加压下才溶于水，生成的胶体黏性很大。

淀粉粒不溶于冷水，在常温条件下基本没有变化，吸水率和膨胀性很低。当淀粉粒与水一起加热，淀粉粒吸水膨胀，体积可增大 50 ~ 100 倍，最后淀粉粒破裂，形成均匀的黏稠状溶液，这种现象称为淀粉的糊化。糊化时的温度称为糊化温度。小麦淀粉在 50 ℃ 以上时开始明显膨胀，吸水量增大；当水温达到 65 ℃ 时开始糊化，形成黏性的淀粉溶胶，这时淀粉的吸水率大大提高。淀粉糊化程度越大，吸水越多，黏性也越大。

糊化状态的淀粉称为 α 淀粉，未糊化的淀粉分子排列很规则，称为 β 淀粉。一般来说，由 β 淀粉变成 α 淀粉，在加热温度为 65 ℃ 时，需十几个小时；80 ℃ 时要几个小时；100 ℃ 时只要 20 min 便可以完全糊化。面粉类食品由生变熟，实际上就是 β 淀粉变成 α 淀粉。熟的 α 淀粉比 β 淀粉容易消化。值得注意的是，β 淀粉在常温下放置会因条件不同逐渐变成 α 淀粉，这种现象称作淀粉的老化。面包、蛋糕等制品刚成熟时，其淀粉为 α 状态，当放置一段时间后口感、外观变劣，商品价值下降，这主要是淀粉老化造成的。因而面包等西点产品的防老化问题也是西点制作工艺中的一个重要课题。

小麦在磨粉中会产生部分破损淀粉。破损的淀粉在酶或酸的作用下，可水解为糊精、高糖、麦芽糖、葡萄糖。淀粉的这种性质在面包的发酵、烘焙和营养等方面具有重要意义。淀粉是面团发酵期间酵母所需能量的主要来源。淀粉粒外层有一层细胞膜，能保护内部免遭外界物质（如酶、水、酸）的侵入。如果淀粉粒的细胞膜完整，酶便无法渗入细胞膜内与淀粉作用。但在小麦磨粉时，由于机械碾压作用，有少量淀粉粒外层细胞膜受损而使淀粉粒裸露出来。通常，小麦粉质越硬，磨粉时破损淀粉含量越高，意味着淀粉酶活性越高。面团发酵需要一定数量的破损淀粉，使面团能够产生充足的二氧化碳，形成膨松多孔的结构。在烘焙、蒸煮成熟过程中淀粉的糊化，可以促进制品形成稳定的组织结构。淀粉损伤的允许程度与面粉蛋白质含量有关，最佳淀粉损伤程度为 4.5% ~ 8.0%。

2. 可溶性糖

小麦和面粉中含有少量的可溶性糖。糖在小麦籽粒各部分分布不均匀，胚部含糖量为2.96%，皮层和糊粉层含糖量为2.58%，而胚乳中含糖量仅为0.88%。因此，出粉率越高，面粉含糖量越高。

面粉中的可溶性糖主要有葡萄糖、果糖、蔗糖、麦芽糖、蜜二糖等。它们的含量虽少，但作为发酵面团中酵母的碳源，有利于酵母的迅速繁殖和发酵，并且有利于制品色、香、味的形成。

3. 戊聚糖

戊聚糖是一种非淀粉黏胶状多糖，主要由木糖、阿拉伯糖和少量的半乳糖、己糖、己糖醛，以及一些蛋白质组成。面粉中含有2%～3%的戊聚糖，其中25%为水溶性戊聚糖，75%为水不溶性戊聚糖。戊聚糖对面粉的品质、面团的流变性以及面包的品质有显著的影响。面粉的出粉率越高，其戊聚糖的含量越高。

小麦中的水溶性戊聚糖有利于增加面包的体积，并且可以改善面包内质结构以及表面色泽，延长产品保鲜期。水溶性戊聚糖对于提高面团的吸水率和流变性、保持面团气体、增加面包的柔软度、增大面包体积以及防止面包老化等方面均有较好的作用。

大量研究发现，向相对弱筋的面粉中添加2%的小麦或黑麦的水不溶性戊聚糖，可以增加面包的体积达30%～40%，同时面包的其他一些指标，如均一性、面包品质及弹性都得到改善。实践证明，水不溶性戊聚糖对面团可起到改良和恶化的双重作用。当添加比例在一定范围内，面团的抗延伸性、最大抗延伸性拉力比数随添加比例的增加而增加；当添加比例大于某个数值时，水不溶性戊聚糖对面团的恶化作用就很显著。

4. 纤维素

纤维素坚韧、难溶、难消化，是与淀粉很相似的一种碳水化合物。小麦中的纤维素主要集中在皮层和糊粉层中，麸皮纤维素含量高达10%～14%，而胚乳中纤维素含量很少。面粉中麸皮含量过多，不但影响制品口感和外观，而且不易被人体消化吸收。但食物中含有适量的纤维素有利于人体胃肠蠕动，能促进对其他营养物质的消化吸收。尤其在现代，食物加工过于精细，纤维素含量不足，以全麦粉、含麸面粉制作的保健食品越来越受到人们的欢迎。

（二）蛋白质

小麦中蛋白质的含量和品质不仅决定小麦的营养价值，而且小麦中的蛋白质是构成面筋的主要成分，因此它与面粉的烘焙性能有着极为密切的关系。在各种谷物粉中，只有面粉的蛋白质能够吸水形成面筋。面粉中蛋白质含量因小麦品种、产地和面粉等级而异。一般来说，蛋白质含量越高的小麦质量越好。目前，不少国家把蛋白质含量作为划分面粉等级的重要指标之一。

我国小麦的蛋白质含量大部分在 12% ～ 14% 之间。小麦籽粒中各个部分蛋白质的分布是不均匀的。胚芽和糊粉层的蛋白质含量高于胚乳，但胚乳占小麦籽粒的比例最大，因此胚乳蛋白质含量占麦粒蛋白质含量的比例也最大，约为 70%。胚乳部分蛋白质的含量，由内向外逐渐增加，因而出粉率高、精度低的面粉蛋白质含量高于出粉率低、精度高的面粉。

面粉中的蛋白质主要有麦胶蛋白（醇溶蛋白）、麦谷蛋白、麦球蛋白、麦清蛋白和酸溶蛋白五种。麦球蛋白、麦清蛋白和酸溶蛋白在面粉中的含量很少，可溶于水或稀盐溶液，称为可溶性蛋白质，也称为非面筋性蛋白质。麦胶蛋白和麦谷蛋白不溶于水和稀盐溶液，称为不溶性蛋白质。麦胶蛋白可溶于 60% ～ 70% 的酒精中，又称醇溶蛋白；麦谷蛋白可溶于稀酸或稀碱中。这两种蛋白质占面粉蛋白质总量的 80% 以上，可与水结合形成面筋。因而麦胶蛋白和麦谷蛋白又称为面筋性蛋白质。麦胶蛋白具有良好的延伸性，缺乏弹性；而麦谷蛋白富有弹性，缺乏延伸性。

小麦各个部分的蛋白质不仅在数量上不同，而且种类也不同。胚乳蛋白质主要由麦胶蛋白和麦谷蛋白组成，而麦球蛋白、麦清蛋白、酸溶蛋白很少。酸溶蛋白主要由麦球蛋白和麦清蛋白组成。糊粉层中包含麦胶蛋白、麦清蛋白、麦球蛋白，不含麦谷蛋白。

各类蛋白质的等电点不同，麦胶蛋白 pH 值为 6.4 ～ 7.1，麦谷蛋白 pH 值为 6.0 ～ 8.0，麦球蛋白 pH 值为 5.5 左右，麦清蛋白 pH 值为 4.5 ～ 4.6。在等电点时，蛋白质的溶解度最小，黏度最低，膨胀性最差。

（三）脂质

小麦籽粒中的脂质含量为 2% ～ 4%，面粉中脂质含量为 1% ～ 2%。小麦胚芽中脂质含量最高，胚乳中脂质含量最少。小麦中的脂质主要由不饱和脂肪酸构成，易因氧化和酶水解而酸败。因此，磨粉时要尽可能除去脂质含量高的胚芽和麸皮部分。

（四）酶

小麦和面粉中重要的酶有淀粉酶、蛋白酶、脂肪酶、脂肪氧化酶等。

1. 淀粉酶

淀粉酶主要有 α- 淀粉酶和 β- 淀粉酶。它们能按一定方式水解淀粉分子中一定种类的葡萄糖苷键。α- 淀粉酶能水解淀粉分子中的 α-1，4 糖苷键，不能水解 α-1，6 糖苷键。α- 淀粉酶的水解作用是从淀粉分子内部进行的，使庞大的淀粉分子迅速变小，淀粉液的黏度也急速降低，故 α- 淀粉酶又称为淀粉液化酶。β- 淀粉酶与 α- 淀粉酶一样，也只能水解淀粉分子中的 α-1，4 糖苷键，所不同的是 β- 淀粉酶的水解作用是从淀粉分子的非还原末端开始，迅速产生麦芽糖，使淀粉分子还原能力不断增强，故 β- 淀粉酶又称为淀粉糖化酶。

α- 淀粉酶和 β- 淀粉酶对淀粉的水解作用，产生的麦芽糖为酵母发酵提供主要能量来源。当 α- 淀粉酶和 β- 淀粉酶同时对淀粉起水解作用时，α- 淀粉酶从淀粉分子内部进行水解，而 β- 淀粉酶则从非还原末端开始进行水解。α- 淀粉酶作用时会产生更多新的末端，便于 β- 淀粉酶的作用。两种酶对淀粉的同时作用，将会取得更好的水解效果。其最终产物主要是麦芽糖、少量葡萄糖和 20% 的极限糊精。

β- 淀粉酶对热不稳定，它只能在面团发酵阶段起水解作用。而 α- 淀粉酶热稳定性较强，在 70～75 ℃仍能进行水解作用，温度越高作用越快。因此，α- 淀粉酶不仅在面团发酵阶段起作用，而且在面包入炉烘焙后，仍在继续水解作用。这对提高面包的质量起很大作用。

正常的面粉含有足够的 β- 淀粉酶，而 α- 淀粉酶不足。为了利用 α- 淀粉酶改善面包的质量、皮色、风味、结构，增大面包体积，可在面团中添加一定数量的 α- 淀粉酶制剂或麦芽粉、含淀粉酶的麦芽糖浆。但 α- 淀粉酶含量过大，也会有不良的影响。它会使大量的淀粉分子断裂，使面团力量变弱，发黏。因此，用受潮发芽的小麦加工成的面粉难以加工。

2. 蛋白酶

小麦和面粉中的蛋白酶可分为两种，一种是能直接作用于天然蛋白质的蛋白酶；另一种是能将蛋白质分解过程中产生的多肽类再分解的多肽酶。搅拌发酵过程中起主要作用的是蛋白酶，它的水解作用可以降低面筋强度，缩短和面时间，使面筋易于完全扩展。

3. 脂肪酶

脂肪酶是一种对脂质起水解作用的水解酶。在面粉贮藏期间水解脂肪成为游离脂肪酸，会使面粉酸败，从而降低面粉的品质。小麦中的脂肪酶主要集中在糊粉层中，因此精制面粉比标准面粉的贮藏稳定性高。

4. 脂肪氧化酶

脂肪氧化酶是催化某种不饱和脂肪酸的过氧化反应的一种氧化酶，通过氧化作用使胡萝卜素变成无色。因此，脂肪氧化酶也是一种酶促漂白剂，它在小麦和面粉中含量很少，主要来源于全脂大豆粉。全脂大豆粉广泛用作面包添加剂，以增白面包芯，改善面包的组织结构和风味。

三、面粉的种类

随着人们生活水平的提高和食品工业的发展，目前已逐步发展到专用粉生产阶段。专用粉的品种可以按不同的用途，以及对蛋白质和面筋质的要求分为面包专用粉、包子专用粉、糕点专用粉、自发面粉、全麦面粉以及预拌粉等。

1. 面包专用粉

又称高筋面粉、高筋粉、高粉。高筋面粉的蛋白质含量在 11.5% 以上，吸水率为 62% ～ 64%，蛋白质含量高，面筋质也较多，因此筋性强，多用来做面包等。

2. 包子专用粉

又称中筋面粉、中筋粉、中粉。中筋面粉的蛋白质含量为 9% ～ 11%，介于高粉与低粉之间，吸水率为 55% ～ 60%。因此，也有很多食谱以一半的高粉混合一半的低粉来充当中粉使用。中筋面粉在中式点心制作上的应用很广，如包子、馒头等。大部分中式点心都是以中粉来制作的。

3. 糕点专用粉

又称低筋面粉、低筋粉、低粉。低筋面粉的蛋白质含量低于 9%，平均在 8.5% 左右，吸水率为 48% ～ 52%。蛋白质含量低，面筋质也较少，因此筋性亦弱，多用来做蛋糕、饼干、蛋挞、派等松软、酥脆的糕点。

4. 自发面粉

又称自发粉，自发粉大都为中筋面粉和小苏打及酸性盐、食盐的混合物。因为自发粉中已含有膨大剂，最好不要用它来取代一般食谱中的其他面粉，否则成品膨胀得太厉害。

5. 全麦面粉

又称全麦粉，是全麦面包的专用粉。全麦粉含丰富的维生素 B_1、B_2、B_6 及烟碱酸，营养价值很高。因为麸皮的含量多，100% 全麦面粉做出来的面包体积会较小，组织也会较粗，面粉筋性也不够，而且过多的全麦会加重消化系统的负担，因此，在使用全麦粉时，可以加入部分高筋面粉调整比例来改善它的口感。

6. 预拌粉

将烘焙产品配方中所需的材料，除液体材料外，依配方的用量混合在面粉中，就是预拌粉。使用预拌粉时，只需要加液体材料如水、蛋等。预拌粉的优点是：可使烘焙食品质量稳定，原料损耗少，价格相对稳定；有利于生产车间卫生条件的改善；有利于提高经济效益；有利于小型面包糕点厂和超市内面包店的发展，从而使消费者能吃到新鲜的烘焙食品。由此可见，预拌粉将成为烘焙食品工业使用的主要原料，我国已逐步推广使用。

四、面粉的工艺性能

（一）面筋和面筋工艺性能

1. 面筋

将面粉加水经过机械搅拌或手工揉搓后形成的具有黏弹性的面团放入水中搓洗，使淀粉、可溶性蛋白质、灰分等成分渐渐离开面团而悬浮于水中，最后剩下一块具有黏性、弹性和延伸性的软胶状物质，就是所谓的粗面筋。粗面筋含水量为 65%～70%，故又称为湿面筋，是面粉中面筋性蛋白质吸水胀润的结果。湿面筋经烘干水分即是干面筋。面团因有面筋形成，才能通过发酵制成面包类产品。

一般情况下，湿面筋含量在 35% 以上的面粉称为强力粉，适宜制作面包；湿面筋含量在 26%～35% 的称为中力粉，适宜制作面条、馒头；湿面筋含量在 26% 以下的是弱力粉，适宜制作糕点、饼干、蛋糕。

面筋质主要是由麦胶蛋白和麦谷蛋白组成，这两种蛋白质约占干面筋重的 80%，其余 20% 是淀粉、纤维素、脂肪和其他蛋白质。

面筋蛋白质具有很强的吸水能力，虽然它们在面粉中的含量不多，但调粉时吸收的水量却很大，占面团总吸水量的 60%～70%。面粉中面筋质含量越高，面粉吸水量越大。在适宜条件下，1 份干面筋可吸收大约 2 倍自重的水。

影响面筋形成的因素有面团温度、面团放置时间和面粉质量等。一般情况下，温度在 30～40 ℃时，面筋的生成率最大，温度过低则面筋涨润过程延缓，生成率降低。蛋白质吸水形成面筋需要经过一段时间，将调制好的面团静置一段时间有利于面筋的形成。

2. 面筋的工艺性能

面粉的筋力好坏、强弱不仅与面筋的数量有关，而且也与面筋的质量有关。

通常，评定面筋质量和工艺性能的指标有延伸性、弹性、韧性、可塑性和比延伸性。

延伸性：指面筋被拉长到某种程度而不断裂的性质。延伸性好的面筋，面粉的品质一般也较好。

弹性：指湿面筋被压缩或被拉伸后恢复原来状态的能力。面筋的弹性可分为强、中、弱三等。弹性强的面筋，用手指按压后能迅速恢复原状，且不黏手和留下手指痕迹；用手拉伸时有很大的抵抗力。弹性弱的面筋，用手指按压后不能复原，且黏手并留下较深的手指痕迹；用手拉伸时抵抗力很小；下垂时会因自身重力自行断裂。弹性中等的面筋，性能介于两者之间。

韧性：指面筋在拉伸时所表现的抵抗力。一般来说，弹性强的面筋，韧性也好。

可塑性：指湿面筋被压缩或拉伸后不能恢复原来状态的能力，即面筋保持被塑形状的能力。一般面筋的弹性、韧性越好，可塑性越差。

比延伸性：以面筋每分钟能自动延伸的厘米数来表示。面筋质量好的强力粉一般每分钟仅自动延伸几厘米，而弱力粉的面筋可自动延伸达 100 多厘米。

根据面筋的工艺性能，可将面筋分为以下三类。

优良面筋：弹性好，延伸性大或适中。

中等面筋：弹性好，延伸性小，或弹性中等，比延伸性小。

劣质面筋：弹性小，韧性差，由于本身重力而自然延伸和断裂。完全没有弹性或冲洗面筋时，不黏结而流散。

不同的烘焙食品对面筋工艺性能的要求也不同。制作面包要用弹性和延伸性都好的面粉。制作蛋糕、饼干、糕点则要用弹性、延伸性都不高，但可塑性良好的面粉。如果面粉的工艺性能不符合所制作食品的要求，则需添加面粉改良剂或用其他工艺措施来改善面粉的性能，使其符合所制作食品的要求。

3. 面粉蛋白质的数量和质量

一般来说，面粉内蛋白质含量越高，制作出的面包体积越大，反之越小。但有些面粉如杜伦小麦粉蛋白质含量虽然较高，所制成的面包体积却很小，这说明

面粉的烘焙品质不仅由蛋白质含量决定，而且还与蛋白质的质量有关。

面粉加水搅拌时，麦谷蛋白首先吸水涨润，同时麦胶蛋白、酸溶蛋白及水溶性的清蛋白和球蛋白等成分也逐渐吸水涨润，随着不断搅拌形成了面筋网络。麦胶蛋白形成的面筋具有良好的延伸性，有利于面团的整形操作，但缺乏弹性，面筋筋力不足，很软，很弱，使成品体积小，弹性较差。麦谷蛋白形成的面筋则有良好的弹性，筋力强，面筋结构牢固，但延伸性差。如果麦谷蛋白过多，势必造成面团弹性、韧性太强，无法膨胀，导致产品体积小，或因面团韧性和持气性太强，面团内气压过大而造成产品表面开裂。如果麦胶蛋白含量过多，则造成面团太软，面筋网络结构不牢固，持气性差，面团过度膨胀，导致产品出现顶部塌陷、变形等现象。

所以，面粉的烘焙品质不仅与蛋白质总量有关，而且与面筋蛋白质的种类有关，即麦胶蛋白和麦谷蛋白之间的量要成比例。这两种蛋白质的相互补充，使面团既有适宜的弹性、韧性，又有理想的延伸性。

选择面粉时应依据以下原则：在面粉蛋白质数量相差很大时，以数量为主；在蛋白质数量相差不大，但质量相差很大时，以质量为主；也可以采取搭配使用的方法来弥补面粉蛋白质数量和质量的不足。

（二）面粉吸水率

面粉吸水率是检验面粉烘焙品质的重要指标。它是指调制单位重量的面粉成面团所需的最大加水量。面粉吸水率高，可以提高面包的出品率，而且面包中水分增加，面包芯柔软，保鲜期相应延长。

面粉的最适吸水率取决于所制作面团的种类和生产工艺条件。最适宜的吸水率意味着形成的面团具有理想烘焙制品（如面包）所需要的操作性质、机械加工性能、醒发及烘焙性质以及最终产品特征（外观、食用品质）。例如，制作"过水面包圈"时面团的吸水率比烤白吐司面包面团的吸水率低得多；以手工操作为主的面包生产与高机械化程度的面包生产对面粉吸水率的要求不同。

影响面粉吸水率的因素主要有以下几点。

1. 蛋白质含量

面粉实际吸水率的大小在很大程度上取决于面粉的蛋白质含量。面粉的吸水率随蛋白质含量的提高而增加。面粉蛋白质含量每增加1%，用粉质仪测得的吸水率约增加1.5%。但不同品种小麦所磨制的面粉，吸水率增加程度不同，即使蛋白质含量相似，某种面粉的最适吸水率可能并不是另一种面粉的最适吸水率。此外，蛋白质含量低的面粉，吸水率的变化没有高蛋白质面粉那样大。蛋白质含量在9%

以下时，吸水率减少得很少或不再减少。这是因为当蛋白质含量减少时，淀粉吸水的相对比例较大。

2. 小麦的类型

硬质、玻璃质小麦生产的面粉具有较高的吸水率。下面是不同蛋白质含量的小麦所制面粉的吸水率（采用粉质仪测定）。

春麦粉，蛋白质为 14%，吸水率为 65%～67%；

春麦粉，蛋白质为 13%，吸水率为 63%～65%；

硬冬麦粉，蛋白质为 12%，吸水率为 61%～63%；

硬冬麦粉，蛋白质为 11%，吸水率为 59%～61%；

软麦粉，蛋白质为 8%～9%，吸水率为 52%～54%。

3. 面粉的含水量

如面粉的含水量较高，则面粉吸水率自然降低。

4. 面粉的粒度

研磨较细的面粉，吸水率自然较高。因为面粉颗粒的总表面积增大，损伤淀粉也增多。

5. 面粉内的损伤淀粉含量

损伤淀粉含量越高，面粉吸水率也越高。因为破损后的淀粉颗粒，使水容易渗透进去。太多的破损淀粉会导致面团发黏，使面包体积缩小。

（三）面粉糖化力和产气能力

1. 面粉糖化力

面粉糖化力是指面粉中淀粉转化成糖的能力。它的大小是用 10 g 面粉加 5 ml 水调制成面团，在 27～30 ℃下经 1 h 发酵所产生的麦芽糖的毫克数来表示。

由于面粉糖化是在一系列淀粉酶和糖化酶的作用下进行的，因此面粉糖化力的大小取决于面粉中这些酶的活性程度。

正常小麦磨制的面粉中，β-淀粉酶的含量充分，面粉糖化力的大小主要不是取决于 β-淀粉酶的数量，而是取决于面粉颗粒的大小。面粉颗粒越小，越易被酶水解而糖化。我国特制粉的粒度比标准粉细，因此特制粉较易糖化。

面粉糖化力对于面团的发酵和产气影响很大。由于酵母发酵时所需糖的来源主要是面粉糖化，并且发酵完毕剩余的糖，与面包的色、香、味关系很大，对无糖的主食面包的质量影响较大。

2. 面粉产气能力

面粉在面团发酵过程中产生二氧化碳气体的能力称为面粉的产气能力。它以 100 g 面粉加 65 ml 水和 2 g 鲜酵母调制成面团，在 30 ℃下发酵 5 h 所产生二氧化碳气体的毫升数来表示。

面粉产气能力取决于面粉糖化力。一般来说，面粉糖化力越强，生成的糖越多，产气能力也越强，所制作的面包质量就越好。制作面包时，要求面粉的产气能力不得低于 1 200 ml。在使用同一种酵母和相同的发酵条件下，面粉产气能力越强，制出的面包体积越大。

3. 面粉糖化力与产气能力对面包质量的影响

面粉糖化力与产气能力的比例关系，对所制面包的色、香、味、形都有一定影响。糖化力强而产气能力弱的面粉，面团中剩余的糖较多，可使面包具有良好的色、香、味，但因产气能力弱，面包体积较小。糖化力弱而产气能力强的面粉，则面包体积较大，但色、香、味不佳。只有糖化力和产气能力都强的面粉，才能制作出色、香、味俱佳而体积又大的面包。

面团中剩余的糖在 1% 以下时，制成的面包皮色白，即使延长烘焙时间也无效果。因此，面团中剩余糖量要求不低于 2%。

（四）面粉的熟化

刚磨制的面粉，特别是新小麦磨制的面粉，其面团黏性大，筋力弱，不宜操作，生产出来的面包体积小，弹性、疏松性差，组织粗糙、不均匀，皮色暗、无光泽，扁平，易塌陷收缩。但这种面粉经过一段时间贮存后，其烘焙性能得到大大改善，生产出的面包色泽洁白有光泽，体积大，弹性好，内部组织均匀细腻。特别是操作时不黏，醒发、烘焙及面包出炉后，面团不跑气、塌陷，面包不收缩、变形。这种现象被称为面粉的"熟化""陈化""成熟"或"后熟"。

面粉熟化的机理是：新磨制面粉中的半胱氨酸和胱氨酸含有未被氧化的硫氢基（SH），这种硫氢基是蛋白酶的激活剂。面团搅拌时，被激活的蛋白酶强烈分解面粉中的蛋白质，从而造成前述的烘焙结果。新磨制的面粉，经过一段时间贮存后硫氢基被氧化而失去活性，面粉中的蛋白质不被分解，面粉的烘焙性能也因此得到改善。

面粉熟化时间以 3～4 周为宜。新磨制的面粉在 4～5 天后开始"出汗"，进入面粉的呼吸阶段，发生某种生化和氧化作用，从而使面粉熟化，通常在 3 周后结束。在"出汗"期间，面粉很难被制作成高质量的面包。除氧化外，温度对面粉的熟化也有影响，高温会加速熟化，低温会抑制熟化，一般以 25 ℃左右为宜。

除自然熟化外，还可用化学方法处理新磨制的面粉，使之熟化。使用最广泛的化学处理方法是在面粉中添加面团改良剂溴酸钾、维生素 C 等。用化学方法熟化的面粉，在 5 日内使用，可以制作出合格的面包。近年来，医学研究证明溴酸钾属于致癌物质，国外已广泛采用维生素 C 取代溴酸钾，国内也出现了以酶制剂为主体的面粉品质处理剂。

五、面粉在面包中的作用与影响

1. 面包对面粉品质的要求

面粉是制作面包最为重要的原料，只有高质量的面粉才能生产出高质量的面包。面包用粉应选择主要以硬质小麦生产的面包专用粉或高筋面粉。

面包应用高筋面粉主要是因为面粉品质影响着面包生产的各个环节，进而影响面包的品质。

（1）面粉质量对面团搅拌的影响。当面筋得到充分扩展时，面团变得非常柔软，用手拉时具有良好的弹性和延伸性。良好的延伸性使面团变得柔软，易于滚圆和整形；而良好的弹性则使面团在发酵和烘烤过程中可以保存适量的二氧化碳气体，并能承受面团膨胀所产生的张力，使二氧化碳不易逸出，面包具有良好的烘焙急胀能力，从而保证成品达到最大体积且组织均匀。另外，面筋含量高且质量好的面粉的吸水率也较大，从而有利于保持产品的柔软度，同时也提高了出品率。

（2）面粉质量对面团发酵的影响。影响面团发酵的因素较多，就面粉品质而言，首先是面粉中的淀粉酶的活性对面团发酵的影响较大；其次，面粉筋度的强弱对发酵也有较大影响。

（3）面粉质量对烘烤的影响。用筋度较强的面粉搅拌的面团经过正常的发酵，入炉后具有明显的烘焙急胀，随着烘烤的进行，面筋凝固，韧性增强，面团内部压力增加，使面包得到膨大、松软的体积和均匀、韧性的内部组织。如果面粉的筋度太弱，面筋组织结构承受不了一定的压力就会使小气孔破裂变成大气孔，使面包内部组织不均匀，出现大空洞，严重时会出现塌架现象。另外，面粉的加工精度即灰分对面包芯的光泽度、面包口感影响也较大，精度越高，灰分越低，面包芯乳白光亮、无砂感。

2. 正确选择面包用粉

为确保面包的品质，选择面包用粉应从以下几个方面考虑：

（1）面粉的筋力。

（2）面粉中酶活性。

（3）发酵耐力。即面团超过预定的发酵时间还能生产出质量良好的面包。面粉发酵耐力强，对生产中各种特殊情况适应性强，有利于保持面包的质量。

（4）吸水率。

六、面粉的包装与贮藏

市场上销售的面粉包装，一般每袋重量为 25 kg，家用面粉多为 0.5 kg、1 kg、5 kg 包装。一般面包店大多整批大量采购贮存备用，以保证烘焙食品品质，同时可使面粉在贮存期间因本身的呼吸作用而熟化。

大批购买面粉后，在贮存过程中应注意以下事项：

（1）通风。面粉贮存室必须干净，通风设备良好，并且不得有异味，应避免贴靠墙壁以保持通风。

（2）湿度。面粉贮存室的相对湿度宜在 55% ～ 65% 之间。

（3）温度。面粉贮存室最好有空调设备，温度在 18 ～ 24 ℃最佳。

第三节 糖

除小麦粉外，糖也是面包制作中用量最多的一种原料。糖对面包制品的色、香、味、形均起到重要作用。

一、面包制作中常用的糖

（一）蔗糖

蔗糖是由甘蔗、甜菜榨取而来，根据精制程度、形态和色泽，大致可分为白砂糖、绵白糖、糖粉、赤砂糖、红糖、冰糖等。

1. 白砂糖

根据晶粒大小可分为粗砂、中砂、细砂三种。

2. 绵白糖

在制糖过程中加入了 2.3% 左右的转化糖浆，因此质地绵软、细腻。

白砂糖

3. 糖粉

糖粉是粗砂糖经过粉碎机磨制成粉末状砂糖粉，并混入少量的淀粉，以防止结块。糖粉颜色洁白，质轻，吸水快，溶解迅速，适用于含水量少、搅拌时间短的产品，如小西饼类、面包馅类、各式面糊类产品等。糖粉还是西点装饰的常用材料，如白帽糖膏、札干等。

糖粉根据粒度可分为2X、4X、6X、10X四种，10X是最细的糖，它能使糖霜呈现最光滑的质地，而6X则为标准的糖粉。

4. 赤砂糖与红糖

赤砂糖又称赤糖，是制造白砂糖的初级产物，是未脱色、洗蜜精制的蔗糖制品，蔗糖含量为85%～92%，含有一定量的糖蜜、还原糖及其他杂质，颜色呈棕黄色、红褐色或黄褐色，晶粒连在一起，有糖蜜味。红糖属土制糖，是以甘蔗为原料土法生产的蔗糖。

赤砂糖与红糖因其具有特殊风味，且在烘焙中使制品易于着色，因而有一定的应用，但需化成糖水，滤去杂质后再使用。

5. 冰糖

冰糖是一种纯度高、晶体大的蔗糖制品，由白砂糖溶化后再结晶而制成，因其形状似冰块，故称冰糖。冰糖有单晶冰糖和多晶冰糖之分。

（二）糖浆

1. 饴糖

饴糖又称米稀、糖稀或麦芽糖浆，是以谷物为原料，利用淀粉酶的作用水解淀粉而制得。饴糖呈黏稠状液体，色泽淡黄而透明，含糊精、麦芽糖和少量葡萄糖。

2. 葡萄糖浆

葡萄糖浆又称化学稀或淀粉糖浆，是淀粉经酸或酶水解制成的含葡萄糖较高的糖浆，其主要成分是葡萄糖、麦芽糖、高糖（三糖、四糖等）和糊精。葡萄糖浆的黏度和甜度与淀粉水解糖化程度有关，糖化率越高，味越甜，黏度越低。

3. 蜂糖

蜂糖是一种天然糖浆，主要成分是葡萄糖和果糖，以及少量的蔗糖、糊精、淀粉酶、有机酸、维生素、矿物质、蜂蜡及芳香物质等，味道很甜，风味独特，营养价值较高。蜂糖因来源不同，在味道和颜色上存在较大差异。

4. 转化糖浆

转化糖浆是蔗糖在酸的作用下加热水解生成的含有等量葡萄糖和果糖的糖溶液。蔗糖在酸的作用下的水解称为转化。1 分子葡萄糖和 1 分子果糖的混合物称为转化糖，含有转化糖的水溶液称为转化糖浆。

二、糖的一般性质

（一）甜度

糖的甜度没有绝对值，目前主要是利用人的味觉来比较。测量方法是在一定量的水溶液内，加入能使溶液被尝出甜味的最少量糖，一般以蔗糖的甜度为 100 来比较各种甜味物质的甜度。不同的糖品混合时，有互相提高甜度的效果。各种糖的相对甜度见下表。

糖的相对甜度

糖的名称	相对甜度
蔗糖	100
果糖	114 ～ 175
葡萄糖	74
转化糖	130
半乳糖	30 ～ 60
麦芽糖	32 ～ 60
乳糖	12 ～ 27
山梨醇	50 ～ 70
麦芽糖醇	75 ～ 95
甘露醇	70
葡萄糖浆（葡萄糖值为 42）	50
果葡糖浆（转化率为 42%）	100

（二）溶解性

糖可溶于水，不同的糖在水中的溶解度不同，果糖最高，其次是蔗糖、葡萄糖。糖的溶解度与温度有关，随着温度升高而增大，故冬季化糖时宜使用温水或开水。此外，糖晶粒的大小、有无搅拌及搅拌速度等均与糖的溶解度有密切关系。

（三）结晶性

蔗糖极易结晶，晶体能生长变大。葡萄糖也易于结晶，但晶体很小。果糖则难以结晶。饴糖、葡萄糖浆是麦芽糖、葡萄糖、低聚糖和糊精的混合物，为黏稠状液体，具有不结晶性。一般来说不易结晶的糖，对结晶的抑制作用较大，有防止蔗糖结晶的作用。例如，在熬制糖浆时，加入适量饴糖或葡萄糖浆，可防止蔗糖析出或返砂。

（四）吸湿性和保潮性

吸湿性是指在较大空气湿度的情况下吸收水分的性质。保潮性是指在较大湿度下吸收水分和在较小湿度下失去水分的性质。糖的这种性质对于保持糕点的柔软和贮藏具有重要的意义。蔗糖和葡萄糖浆的吸湿性较差，转化糖浆和果葡糖浆的吸湿性好，因此可用高转化糖浆和果葡糖浆、蜂糖来增加饼坯的滋润性，并在一定时期内保持柔软。

葡萄糖经氢化生成的山梨醇具有良好的保潮性质，作为保潮剂在烘焙食品工业中得到广泛的应用。

（五）渗透性

糖溶液具有较强的渗透压，糖分子很容易渗透到吸水后的蛋白质分子或其他物质中间，而把已吸收的水排挤出来。例如，较高浓度的糖溶液能抑制许多微生物的生长，这是由于糖溶液高渗透压力的作用夺取了微生物菌体的水分，使微生物的生长受到抑制。因此，糖不仅可以增加制品的甜味，而且又能起到延长保存期的作用。又如，在面团中添加糖或糖浆，可降低面筋蛋白质的吸水性，使面团弹性和延伸性减弱。

糖溶液的渗透压随浓度的增高而增加，单糖的渗透压是双糖的两倍。葡萄糖和果糖比蔗糖具有较高的渗透压和较好的食品保藏效果。

（六）黏度

不同的糖黏度不同，蔗糖的黏度大于葡萄糖和果糖，糖浆黏度较大。利用糖的黏度可提高产品的稠度和可口性。例如，搅打蛋泡、蛋白膏时加入蔗糖、糖浆可增强气泡的稳定性；在某些产品的坯团中添加糖浆可促进坯料的黏结，利用糖浆的黏度防止蔗糖的结晶返砂等。

（七）焦糖化反应和麦拉德反应

焦糖化反应和麦拉德反应是烘焙制品上色的两个重要途径。

1. 焦糖化反应

焦糖化反应说明了糖对热的敏感性。糖类在没有含氨基化合物存在的情况下加热到其熔点以上的温度时，分子与分子之间互相结合成多分子的聚合物，生成黑褐色的色素物质——焦糖，同时在强热作用下部分糖发生裂解，生成一些挥发性的醛类、酮类物质。因此，把焦糖化控制在一定程度内，可使烘焙产品产生令人愉悦的色泽与风味。

不同的糖对热的敏感性不同。果糖的熔点为 95 ℃，麦芽糖为 102 ～ 103 ℃，葡萄糖为 146 ℃，这三种糖对热非常敏感，易形成焦糖。因此，含有大量这三种成分的饴糖、转化糖、果葡糖浆、中性的葡萄糖浆、蜂蜜等在西点中使用时，常作为着色剂，加快制品烘焙时的上色速度，促进制品颜色的形成。而在西点中应用广泛的蔗糖，熔点为 186 ℃，对热敏感性较低，呈色不深。

糖的焦糖化作用还与 pH 值有关。溶液的 pH 值低，糖的热敏感性就低，着色作用差；相反 pH 值升高则热敏感性增强。例如，pH 值为 8.0 时其着色速度比 pH 值为 5.9 时快 10 倍。因此，有些 pH 值低的转化糖浆、葡萄糖浆在使用前最好先调成中性，这样有利于糖的着色反应。

2. 麦拉德反应

麦拉德反应亦称褐色反应，是指氨基化合物（如蛋白质、多肽、氨基酸及胺类）的自由基与羰基化合物（如醛、酮、还原糖等）的羰基之间发生的羰—氨反应，最终产物是类黑色素的褐色物质。麦拉德反应是使烘焙制品表面着色的另一个重要途径，也是烘焙制品产生特殊香味的重要来源。在麦拉德反应中除产生色素物质外，还产生一些挥发性物质，形成特有的烘焙香味。这些成分主要是乙醇、丙酮醛、丙酮酸、乙酸、琥珀酸、琥珀酸乙酯等。

影响麦拉德反应的因素有温度、还原糖量、糖的种类、氨基化合物的种类、pH 值。温度越高，麦拉德反应越强烈；还原糖（葡萄糖、果糖）含量越多，麦拉德反应越强烈；pH 值呈碱性，可加快麦拉德反应的进程。果糖发生麦拉德反应最强，葡萄糖次之，因此中性的葡萄糖浆、转化糖浆、蜂蜜极易发生麦拉德反应；非还原性的蔗糖不发生麦拉德反应，呈色作用以焦糖化为主，但在面包类发酵制品中由于酵母分泌的转化酶的作用，使部分蔗糖在面团发酵过程中转化成了葡萄糖和果糖，从而参与褐色反应。不同种类的氨基酸、蛋白质引起的褐变颜色不同。例如，鸡蛋蛋白质引起的褐变颜色为鲜亮红褐色，而小麦蛋白质引起的褐变颜色为灰褐色。

（八）抗氧化性

糖溶液具有抗氧化性，因为氧气在糖溶液中溶解量比水溶液中多，因而在含油脂较高的食品中有利于防止油脂氧化酸败，延长保存时间。同时，糖和氨基酸在烘焙中发生麦拉德反应生成的棕黄色物质也具有抗氧化作用。

三、糖的烘焙工艺性能

（一）糖是良好的着色剂

由于糖的焦糖化反应和麦拉德反应，可使烤制品在烘焙时形成金黄色或棕黄色表皮和良好的烘焙香味。面包类发酵制品的表皮颜色深浅程度取决于面团内剩余糖的多少。所谓剩余糖是指面团内酵母发酵完成后剩余下来的糖量，一般 2% 的糖就足以供给发酵所需，但通常面包配方中的糖量均超过 2%。剩余糖越多，面包表皮着色越快，颜色越深，烘焙香味越浓郁。配方内不加糖的面包，如法国面包、意大利面包，其表皮为淡黄色。

（二）改善制品的风味

糖使制品具有一定甜味和糖特有的风味。在烘焙成熟过程中，糖的焦糖化反应和麦拉德反应的产物使制品产生良好的烘焙香味。

（三）改善制品的形态和口感

糖在糕点中起到骨架作用，能改善组织状态，使其外形挺拔。糖在含水较多的制品中有助于产品保持湿润柔软。在含糖量高、水分少的制品中，糖能促进产品形成硬脆的口感。

（四）作为酵母的营养物质，促进发酵

糖作为酵母发酵的主要能量来源，有助于酵母的繁殖和发酵。在面包生产中加入一定量的糖，可促进面团的发酵，但也不宜过多。例如，点心、面包的加糖量一般为 20% ～ 25%，否则会抑制酵母的生长，延长发酵时间。

（五）改善面团物理性质

面粉和糖都具有吸水性。当调制面团时，面粉中面筋蛋白质吸水涨润的第二步反应是依靠蛋白质胶粒内部浓度造成的渗透压使水分子渗透到蛋白质分子中，增加吸水量，使得面筋大量形成，面团弹性增强，黏度相应降低。如果在面团中加入一定量的糖或糖浆，它不仅吸收蛋白质胶粒之间的游离水，而且会使胶粒外部浓度增加，使胶粒内部水分向外渗透，从而降低蛋白质胶粒的涨润度，造成搅拌过程中面筋形成程度降低，弹性减弱。因此，糖在面团搅拌过程中起反水化作用，调节面筋的涨润度，增加面团的可塑性，使制品外形美观、花纹清晰，还能防止制品收缩变形。

糖对面粉的反水化作用。双糖比单糖作用大，因此加砂糖糖浆比加入等量的葡萄糖浆作用大。砂糖糖浆比糖粉的作用大，因为糖粉虽然在搅拌时易于溶化，

但此过程较缓慢且不完全。而砂糖比糖粉的作用差，因此调制混酥面团时使用糖粉比砂糖有更好的效果。

（六）对面团吸水率及搅拌时间的影响

正常用量的糖对面团吸水率影响不大，但随着糖量的增加，糖的反水化作用愈强，面团的吸水率降低，搅拌时间延长。大约每增加 1% 的糖，面团吸水率降低 0.6%。高糖配方（20%～25% 糖量）的面团若不减少加水量或延长面团搅拌时间，则面团搅拌不足，面筋得不到充分扩展，易造成面包产品体积小，内部组织粗糙。其原因是糖在面团内溶解需要水，面筋形成、扩展也需要水，这就形成糖与面筋之间争夺水分的现象，糖量愈多，面筋能吸收到的水分愈少，从而延缓了面筋的形成，阻碍了面筋的扩展，因此必须增加搅拌时间来使面筋得到充分扩展。

一般高糖配方的面团充分扩展的时间比普通面团增加 50% 左右。

（七）提高产品的货架寿命

糖的高渗透压作用，能抑制微生物的生长和繁殖，从而增强产品的防腐能力，延长产品的货架寿命。

由于糖具有吸湿性和保潮性，可使面包、蛋糕等西点产品在一定时期内保持柔软。因此，含有大量葡萄糖和果糖的糖浆不能用于酥类制品，否则其吸湿返潮后会失去酥性口感。

此外，由于糖的上色作用，含糖量高的面包等产品在烘焙时着色快，缩短了烘焙时间，产品内可以保存更多的水分，从而达到柔软的效果。而加糖量较少的面包等产品，为达到同样的颜色程度，就要增加烘焙时间，这样产品内水分蒸发就多，易造成制品干燥。

（八）提高食品的营养价值

糖的营养价值主要体现在它的发热量。100 g 糖能在人体中产生 400 千卡的热量。糖极易被人体吸收，可有效地消除人体的疲劳，补充代谢需要。

（九）装饰美化产品

利用砂糖粒晶莹闪亮的质感、糖粉的洁白如霜，将其撒或覆盖在制品表面可起到装饰美化的效果。利用以糖为原料制成的膏料、半成品，如白马糖、白帽糖膏、札干等，可美化产品，在面包制作中的运用较为广泛。

第四节　油脂

　　油脂是面包制作的主要原料之一，对改善制品风味、结构、形态、色泽和提高营养价值起着重要作用。

一、西点中常用的油脂

（一）天然油脂

1. 植物油

　　植物油中主要含有不饱和脂肪酸，其营养价值高于动物油脂，但加工性能不如动物性油脂或固态油脂。食用植物油根据精制程度和商品规格可分为普通（精制）植物油、高级烹调油和色拉油3个档次。

　　普通植物油是以各种食用植物油料籽为原料，经压榨、溶剂浸出精炼和水化法制成的食用植物油。对于棉籽油、米糠油等还需进行精炼，以除去其中的有害物质，制成精炼油后才能食用。

　　高级烹调油是各类食用植物毛油经精炼制成的气味、口感良好，色浅，高烟点的油脂产品，适用于烹调和其他需要较高质量油脂的场合（如作为人造奶油、起酥油的原料油）。

大豆油

　　色拉油又称清洁油、凉拌油、生食油，是以菜籽、大豆、花生、棉籽、玉米胚芽等毛油，经脱胶、脱酸、脱色、脱臭等工序加工精制而成的高级食用植物油。色拉油色浅，气味和口感醇厚，贮藏时稳定性高，能耐低温，不含胆固醇，在高温下不起沫、无油烟。

　　面包中使用的植物油以经精制后的色拉油为主。在制作面包时，应避免使用具有特殊气味的油脂，破坏面包成品应有的风味。色拉油油性小、熔点低，具有良好的融合性。植物油在面包中还常作为油炸制品用油和制馅用。常见的植物油有以下几种。

　　（1）大豆油。

　　（2）花生油。

（3）葵花籽油。

（4）芝麻油。

（5）菜籽油。

（6）可可脂（Cocoa Tincture）。

（7）椰子油（Coconut Oil）。

（8）棕榈油（Palm Oil）。

（9）橄榄油（Olive Oil）。

2. 动物油

面包中常用的天然动物油有奶油和猪油。大多数动物油都有熔点高、可塑性强、起酥性好的特点。

（1）奶油。奶油分有盐奶油和无盐奶油，经提炼后生成黄油。黄油又称无水酥油。奶油是从牛奶中分离出来的乳脂肪，奶油的乳脂含量约为80%，水分含量为16%。奶油因有特殊的芳香和营养价值而备受人们欢迎。丁酸是奶油特殊芳香的主要来源。奶油中含有较多的饱和脂肪酸甘油酯和磷脂，它们是天然乳化剂，使奶油具有良好的可塑性与稳定性。加工过程中充入1%～5%的空气，使奶油具有一定硬度和可塑性。奶油是制作面包、蛋糕、派、小西饼等西点的常用原料，并用于西点装饰。奶油的熔点为28～34℃，凝固点为15～25℃，在常温下呈固态，在高温下软化变形，因此夏季不宜用奶油做装饰。奶油在高温下易受细菌和霉菌污染，应在冷藏库或冰箱中贮存。

无水酥油

（2）猪油。猪油在中式糕点中使用广泛，在西点中应用不多。精制猪油色泽洁白，可塑性强，起酥性好，制出的产品品质细腻，口味肥美。但猪油融合性稍差，稳定性也欠佳，因此常用氢化处理或交酯反应来提高猪油的品质。

（3）牛油、羊油及骨油。牛油、羊油都有特殊的气味，需经熔炼、脱臭后才能使用。这两种油脂熔点高，前者为40～46℃，后者为43～55℃，可塑性强，起酥性较好。在欧洲国家中大量用于酥类糕点制作，便于成型和操作。但由于其熔点高于人的体温，因此不易消化。

骨油是从牛的骨髓中提取出来的一种脂肪，呈白色或浅黄色。骨油精炼后，可作为奶油的代用品，用于炒面，具有独特的醇厚酯香味。

（二）再加工油脂

1. 氢化油

氢化油又称硬化油。油脂氢化就是将氢原子加到动物、植物油脂不饱和脂肪酸的双键上，生成饱和度较高的固态油脂，使液态油脂变为固态油脂，以提高油脂的可塑性、起酥性和熔点，有利于加工操作。

氢化油多采用植物油和部分动物油为原料，如棉籽油、葵花籽油、大豆油、花生油、椰子油、猪油、牛油和羊油等。氢化油很少直接食用，多作为人造奶油、起酥油的原料。

氢化油含水量一般不超过 1.5%，熔点为 38 ～ 46 ℃，凝固点不低于 21 ℃，熔化状态的氢化油透明无沉淀。氢化油的可塑性和硬度，取决于固相与液相的比例、固相的物理性质、晶体的大小。一般固相越多，硬度越大；晶体越小，硬度越大。

2. 人造奶油（人造黄油）

人造奶油又称麦淇淋和玛琪琳，是以氢化油为主要原料，添加水和适量的牛乳或乳制品、色素、香料、乳化剂、防腐剂、抗氧化剂、食盐和维生素，经混合、乳化等工序而制成的。人造奶油的软硬可根据各成分的配比来调整。人造奶油的乳化性能和加工性能比奶油要好，是奶油的良好代用品。人造奶油中油脂含量约为 80%，水分为 14% ～ 17%，食盐为 0 ～ 3%，乳化剂为 0.2% ～ 0.5%。

人造奶油的种类很多，分为家庭消费型人造奶油和行业用人造奶油。用于西点的有通用人造奶油、起酥用人造奶油、面包用人造奶油、裱花用人造奶油等。

（1）通用人造奶油又称通用麦淇淋，其应用范围很广，适用于各式蛋糕、面包、小西饼、裱花装饰等。在任何气温下都有良好的可塑性和融合性，一般熔点较低，口溶性好，可塑性较强。

人造奶油

（2）起酥用人造奶油又称酥皮麦淇淋、酥片麦淇淋，主要用于起酥类制品，如起层的酥皮、千层酥、丹麦酥、酥皮面包、丹麦酥面包等。酥皮麦淇淋起酥性好，熔点较高，可塑性较强，使起酥包油操作更为容易，便于裹入面团后延展折叠，酥层胀大，层次分明，产品质量好。

（3）面包用人造奶油有良好的可塑性、融合性、乳化性和润滑作用。加入面团中可以缩短面团发酵时间和醒发时间，降低面团黏性以利于操作，改善面包的品质，使组织更加均匀、松软，体积增大，延长面包保鲜期，并使面包具有奶油风味。面包用人造奶油可加入面包面团中，也可用于面包的装饰和涂抹。

（4）裱花用人造奶油又称裱花麦淇淋。具有良好的可塑性、融合性和乳化性，与糖浆、糖粉、空气混合形成的奶油膏的膏体柔滑、细腻、稳定，保形效果好，易于操作。

3. 起酥油

起酥油是指精炼的动物油脂、植物油脂、氢化油或这些油脂的混合物，经混合、冷却塑化而加工出来的具有可塑性、乳化性等加工性能的固态或流动性的油脂产品。起酥油不能直接食用，可作为产品加工的原料油脂，因而具有良好的加工性能。起酥油与人造奶油的主要区别是起酥油中没有水相。

起酥油外观呈白色或淡黄色，质地均匀，具有良好的口感、气味。起酥油的加工特性主要是指可塑性、起酥性、乳化性、吸水性和稳定性，起酥性是其最基本的特性。

起酥油的种类很多，其分类方法也很多。按原料种类可分为植物型起酥油、动物型起酥油、动植物混合型起酥油；按制造方式可分为混合型起酥油和全氢化型起酥油；按是否添加乳化剂可分为非乳化型（油炸、涂抹用油）起酥油和乳化型起酥油；按性状可分为固态起酥油、液态起酥油和粉末状起酥油；按用途可分为通用起酥油和专用起酥油。专用起酥油种类很多，有面包用、丹麦面包裹入用、千层酥饼用、蛋糕用、奶油装饰用、酥性饼干用、饼干夹层用、涂抹用、油炸用、冷点心用等起酥油。

（1）通用型起酥油。这类起酥油的适用范围很广，主要用于加工面包、饼干等。油脂的可塑性范围可根据季节来调整其熔点，冬季为30 ℃，夏季为42 ℃左右。

（2）乳化型起酥油。这类起酥油中乳化剂的含量较高，具有良好的乳化性、起酥性和加工性能，适用于重油、重糖类糕点及面包、饼干的制作，可增大面包、糕点体积，不易老化，松软，口感好。

（3）高稳定性起酥油。这类起酥油可以长期保存，不易氧化变质，起酥性好，"走油"现象少，适用于加工饼干及油炸食品。全氢化植物起酥油多属于这类型。

（4）面包用液体起酥油。这种油以食用植物油为主要成分，添加了适量的乳化剂和高熔点的氢化油，使之成为具有良好加工性能、乳白色并有流动性的油脂。乳化剂在起酥油中作为面包的面团改良剂和组织柔软剂，可使面团有良好的延伸性，吸水量增加；使面包柔软，老化延迟；使面包内部组织均匀、细腻，体积增大。面包用液体起酥油适用于面包、糕点、饼干等的自动化、连续化生产。

（5）蛋糕用液体起酥油。这类油脂中含有10% ～ 20%的乳化剂（单甘酯、卵磷脂、山梨糖醇酐酯），一般为乳白色乳状液体，用于蛋糕加工时，便于处理和计量。蛋糕用液体起酥油的特点有：①有助于蛋糕浆发泡，使蛋糕柔软，有弹性，口感好，体积大。②因其良好的乳化性，特别适用于高糖、高油的奶油蛋糕。③蛋糕组织均匀，气孔细密。④可缩短打蛋时间。⑤消泡作用小。⑥面糊稳定性好。

二、油脂的烘焙工艺性能

（一）改善面团的物理性质

调制面团时加入油脂，经调制后油脂分布在蛋白质、淀粉颗粒周围形成油膜，由于油脂中含有大量的疏水基，阻止了水分向蛋白质胶粒内部渗透，从而限制了面粉中的面筋蛋白质吸水和面筋形成，使已形成的面筋微粒相互隔离。油脂含量越高，这种限制作用就越明显，从而使已形成的微粒面筋不易黏结成大块面筋，降低面团的弹性、黏度、韧性，增强了面团的可塑性。

（二）油脂的可塑性

固态油脂在适当的温度范围内有可塑性。所谓可塑性就是柔软性，指油脂在很小的外力作用下就可以变形，并保持变形但不流动的性质。可塑性产生的机理可以这样理解：由于油脂不是单一的物质，而是由不同脂肪酸构成的多种甘油酯的混合物，因而在固态油脂中可能存在两相油脂，即在液态油中包含了许多固态脂的微结晶。这些固态结晶彼此没有直接联系，互相之间可以滑动，其结果就是油脂有了可塑性。使油脂具有可塑性的温度范围是必须使混合物中有液态油和固态脂存在，当温度升高，部分固体脂肪熔化，油脂的液相增加，油脂变软，可塑性变大；如果温度降低，部分油脂固化，未固化的油脂黏度增加，油脂的固相增加，则变硬，可塑性变小。如果固体结晶超过一定界限则油脂变硬、变脆，失去可塑性。相反，液相如果超过一定界限，油脂流散性增大，开始流动。因此，固体和液体的比例必须适当才能得到食品加工所需的可塑性，这就是为什么某些人造奶油要比天然的固态油具有更好的加工性能的缘故。

可塑性是奶油、人造奶油、起酥油、猪油的最基本特性。固态油在面包、派皮、蛋糕、饼干的面团中能呈片状、条状、薄膜状分布，就是由油脂的可塑性决定的，而在相同条件下液体油可能分布成点状、球状，因而固态油要比液态油能润滑更大的面团表面积。一般可塑性不好的油脂，起酥性和融合性也不好。

油脂的可塑性在面包食品中的作用如下：

①可增加面团的延伸性，使面包体积增大。可塑性好的油脂能与面团一起延伸，使面团具有良好的延伸性，可增大面包体积，改善制品质地和口感。太硬的

固态油脂加在面团中容易破坏面团组织，太软的油脂又因为接近液态，不能随面团伸展，影响面团的延伸性。

②可防止面团过软和过黏，增加面团的弹力，使机械化操作更容易。

③油脂与面筋的结合可以软化面筋，使制品组织均匀、柔软，口感改善。

④润滑作用。油脂可在面筋与淀粉之间的界面上形成润滑膜，使面筋网络在发酵过程中的摩擦阻力减小，有利于膨胀，增大面包的体积。可防止水分从淀粉向面筋转移，防止淀粉老化，延长面包的保存期。

（三）油脂的起酥性

起酥性是指油脂用在饼干、酥饼等烘焙制品中，使成品变得酥脆的性质。起酥性是通过在面团中限制面筋形成，使制品组织比较松散，口感酥松。

在调制面团时，加入大量油脂后，油脂的疏水性限制了面筋蛋白质的吸水作用。面团中含油脂越多其吸水率越低，一般每增加1%的油脂，面粉吸水率相应降低1%。油脂能覆盖于面粉颗粒的周围并形成油膜，除降低面粉吸水率限制面筋生成外，还由于油脂的隔离作用，使已形成的面筋不能相互黏合而形成大的面筋网络，也使淀粉和面筋之间不能结合，从而降低了面团的弹性和延伸性，增加面团的可塑性。对面粉颗粒表面积覆盖越大的油脂，起酥效果越佳。

猪油、起酥油、人造奶油都有良好的起酥性，植物油的起酥效果不好。稠度适度的油脂，起酥性较好；如果过硬，会在面团中残留一些块状部分，起不到松散组织的作用；如果过软或为液态，会在面团中形成油滴，使成品组织多孔、粗糙。

影响面团中油脂的起酥性有以下因素：

①固态油脂比液态油脂的起酥性好。固态油脂中饱和脂肪酸含量高，稳定性好。固态油脂的表面张力较小，在面团中呈片状、条状分布，覆盖面粉颗粒表面积大，起酥性好。相对而言，液态油脂表面张力大，油脂在面团中呈点状、球状分布，覆盖面粉颗粒表面积小，并且分布不均匀，因此起酥性差。

②油脂的用量越多，起酥性越好。

③温度影响油脂的起酥性。

④鸡蛋、乳化剂、奶粉等原料对起酥性有辅助作用。

⑤油脂和面团搅拌混合的方法及程度要适当，乳化要均匀，投料顺序要正确。

（四）固体脂肪指数（SFI值）

固态油脂如人造奶油、起酥油，在一定温度下都含有一定比率的固态脂和液体油。油脂的起酥性、可塑性、稠度及塑性范围等重要性质都与其中固体脂肪的含量、结晶的大小以及同质多晶现象等因素有关，其中以固体脂肪含量最为关键。

固体脂肪指数是指固态油脂中含有固体脂肪的百分比，简称 SFI。SFI 值随温度升高而减小。一般自然固态油脂随着温度的变化，其 SFI 值变化较大，因而加工温度范围窄；而起酥油、人造奶油的 SFI 值受温度影响变化较小，因而加工温度范围宽。

SFI 值为 40 ～ 50 时油脂过硬，基本没有可塑性；SFI 值 < 5 时油脂过软，接近液体油。人造奶油和起酥油的 SFI 值一般要求在 15 ～ 20 之间，此时其具有较好的起酥性、可塑性等加工性能。

（五）油脂的融合性（充气性）

融合性是指油脂在经搅拌处理后，油脂包含空气气泡的能力，或称为拌入空气的能力。油脂的融合性与其成分有关，油脂的饱和程度越高，搅拌时吸入的空气越多。起酥油的融合性比奶油和人造奶油好，猪油的融合性较差。

融合性是油脂在制作含油量较高的糕点时非常重要的性质。制作重油蛋糕时，虽然化学膨松剂也能使蛋糕膨大，但油脂融合性的好坏是影响蛋糕组织特性的关键。研究表明，面糊内搅拌使拌入的空气都在面糊的油脂成分内，而不存在于面糊的液相内，这样所做出的蛋糕体积大，同时油脂搅拌所形成的油脂颗粒表面积也大，做出的蛋糕组织越细腻、均匀，品质也越好。而靠化学膨松剂胀发的蛋糕，组织空洞不规则，颗粒粗糙。调制酥类制品面团时，首先要搅打油、糖和水，使之充分乳化。在搅拌过程中，油脂结合一定量的空气，油脂结合空气的量除了与油脂成分有关，还与搅打程度和糖的颗粒状态有关。糖的颗粒越细，搅拌越充分，油脂结合的空气就越多。

（六）油脂的乳化性

油和水是互不相溶的，在烘焙产品制作中却经常会碰到油和水混合的问题。如果在油脂中添加一定量的乳化剂，则有利于油滴均匀稳定地分散在水相中，或水相均匀分散在油相中，使成品组织酥松、体积大、风味好。因此添加了乳化剂的起酥油、人造奶油最适宜制作重油、重糖的蛋糕、酥类制品。

（七）油脂的吸水性

起酥油、人造奶油都具有可塑性，所以在没有乳化剂的情况下也具有一定的吸水能力和持水能力。氢化处理后的油脂还可以增加水的乳化性。在 25 ℃时，猪油的吸水率为 25% ～ 50%，氢化猪油为 75% ～ 100%，全氢化型起酥油为 150% ～ 200%。油脂的吸水性尤其对冰淇淋和重油类西点的制作具有重要意义。

（八）油脂的熔点

固态油脂变为液态油脂的温度称为油脂的熔点。熔点是衡量油脂起酥性、可塑性和稠度等加工特性的重要指标。油脂的熔点既影响其加工性能，又影响人体消化吸收。例如，牛油、羊油的成分中含有较多的高熔点饱和三酸甘油酯，这类脂肪作食用不但口溶性差，风味不好，而且熔点高于 40 ℃，不易被人体消化吸收。

用于西点制作的固态油脂其熔点最好在 30 ～ 40 ℃之间。

（九）油脂的润滑作用

油脂在面包中充当面筋和淀粉之间的润滑剂，能在面筋和淀粉之间的分界面上形成润滑膜，使面筋网络在发酵过程中的摩擦阻力减小，有利于膨胀，增加面团的延伸性，增大面包体积。固态油脂的润滑作用优于液态油脂。

（十）油脂的热学性质

油脂的热学性质主要表现在油炸食品中。油脂作为炸油，既是加热介质，又是油炸食品的营养成分。当炸制食品时，油脂将热量迅速而均匀地传给食品表面，使食品很快变熟，同时，还能防止食品表面马上干燥和可溶性物质流失。

1. 油脂的热容量

油脂的热容量是指单位质量的油脂升高 1 ℃所需的热量，一般用卡/（克·度）来表示。油脂的热容量平均为 0.49，水的热容量为 1。由此可见，在供给相同热量和相同重量的情况下，油比水的温度可提前升高 1 倍。因此，油炸食品要比水煮或蒸制品熟得快。

油脂的热容量与脂肪酸有关。液体油脂的热容量随其脂肪酸链长度的增加而增高，随其不饱和度的降低而减小。固体油脂的热容量很小，油脂的热容量随温度的升高而增加，在相同温度下，固体油脂的热容量小于液体油脂。

2. 油脂的发烟点、闪点和燃点

发烟点是指油脂在加热过程中开始冒烟的最低温度。闪点是指油脂在加热时有蒸汽挥发，其蒸汽与明火接触瞬间发生火光而又立即熄灭时的最低温度。燃点是指发生火光而继续燃烧的最低温度。

油脂的发烟点、闪点和燃点均较高。发烟点一般大于 200 ℃，这样有利于油炸食品时，能在较高温度作用下使食品迅速变熟。油脂的发烟点、闪点和燃点与游离脂肪酸含量有关，它们随游离脂肪酸含量的增高而降低。反复多次使用的炸油，游离脂肪酸含量增高，发烟点、闪点和燃点降低。因此，应选用游离脂肪酸含量少，发烟点、闪点、燃点等较高的油脂作炸油，且多次使用后应更换新油。

（十一）油脂的稳定性

油脂的稳定性决定含油焙烤食品的贮藏性。油脂的不稳定性主要表现为油脂的酸败和高温煎炸时发生的变化。油脂的酸败是焙烤食品常见的变质原因，油脂酸败后，它的理化指标会发生变化，不仅会使食品失去原有的风味，而且还会给食品带来哈喇味或酸、苦、涩、辣等异味，并降低了能量，有时甚至会产生毒性。所以，对含油较高的食品必须采用稳定性较高的油脂，并且采用适当措施抑制油脂的酸败。抑制油脂酸败，除控制油脂的水分和游离脂肪酸含量外，添加抗氧化剂亦是一种有效途径。

第五节　蛋及蛋制品

蛋的营养价值高，用途广泛，是面包制作的重要原材料，尤其在蛋糕类制品中用量很大，不可或缺。蛋对面包的制作工艺以及制品的色、香、味、形和营养价值等方面都起到一定的作用。

一、常用的蛋及蛋制品

面包制作中常用的蛋品有鲜蛋、冰蛋和蛋粉三类。

鲜蛋包括鸡蛋、鸭蛋、鹅蛋等，其中以鸡蛋使用最多，因鲜鸭蛋和鲜鹅蛋带有异味，所以使用不多。蛋制品有冰蛋和蛋粉。冰蛋又分为冰全蛋、冰蛋黄、冰蛋白，蛋粉分为全蛋粉、蛋黄粉。

鸡蛋

二、蛋的烘焙工艺性能

1. 蛋白的起泡性

蛋白是一种亲水胶体，具有良好的起泡性，在西点的制作中具有重要意义，特别是在西点的装饰方面。蛋白经过强烈搅打，蛋白薄膜将混入的空气包围起来形成泡沫，由于受表面张力制约，迫使泡沫成为球形，又由于蛋白胶体具有黏度，加入的原材料附着在蛋白泡沫层四周，使泡沫层变得浓厚坚实，增强了泡沫的机械稳定性。制品在烘焙时，泡沫内的气体受热膨胀，增大了产品的体积，这时蛋白质遇热变性凝固，使制品疏松多孔并具有一定的弹性和韧性。因此，蛋白在糕点、面包中起到了膨胀、增大体积的作用。

蛋白可以单独搅打成泡沫用于蛋白类西点品种和西点装饰料的制作，如天使蛋糕、蛋白饼干、奶白膏等；也可以全蛋的形式用于西点品种的制作，如各种海绵蛋糕、戚风蛋糕、蛋条饼干等。

2. 蛋黄的乳化性

蛋黄中磷脂含量很高，而磷脂具有亲油和亲水的双重性质，是一种理想的天然乳化剂。它能使油、水和其他材料均匀地分布，促进制品组织细腻，质地均匀，疏松可口，具有良好的色泽，使制品保持一定的水分，在贮存期保持柔软。

目前，国内外烘焙食品工业使用蛋黄粉来生产面包、糕点和饼干。它既是天然乳化剂，又是营养物质。在使用前，可将蛋黄粉和水按 1 ：1 的比例混合，搅拌成糊状，再添加到面团或面糊中。

3. 蛋的凝固性

蛋白对热极为敏感，受热后凝结变性。温度在 54 ～ 57 ℃时，蛋白开始变性，60 ℃时变性加快，超过 70 ℃蛋黄变稠，达到 80 ℃时蛋白就完全凝固变性，蛋黄表面凝固，100 ℃时蛋黄也完全凝固。蛋液受热过程中，变性蛋白质的黏度增大，起泡性能降低，但容易被蛋白酶水解，提高消化吸收率。如果在蛋液受热过程中将蛋急速搅动，可以减缓蛋液的变形作用。蛋白内加入高浓度的砂糖能提高蛋白的变性温度。当 pH 值为 4.6 ～ 4.8 时，蛋白变性最佳、最快，因为这正是蛋白内主要成分白蛋白的等电点。

蛋液在凝固前，它们的极性基和羟基、氨基、羧基等位于外侧，能与水互相吸引而溶解，当加热到一定温度时，原来联系脂键的弱键被分裂，肽键由折叠状态变为伸展状态。整个蛋白质分子结构由原来的立体状态变成长的不规则状态，亲水基由外部转到内部，疏水基由内部转到外部。很多这样的变性蛋白质分子互相撞击而相互贯穿缠结，形成凝固物体。

这种凝固物体经高温烘焙后失水成为带有脆性、光泽的凝胶片。因此，在面包、糕点表面涂上一层蛋液，可增加制品表皮的光亮度，增添其外形美。添加蛋的制品，经烘焙或油炸后，会更加酥脆。

4. 改善制品的色、香、味、形

在面包、糕点的表面涂上蛋液，经烘焙后呈现金黄发亮的光泽，使制品具有特殊的蛋香味。加蛋的制品有利于其体积膨大和柔软、疏松、多孔。利用蛋白制成的膏料进行裱花，还可起到装饰美化的效果。

5. 提高制品的营养价值

禽蛋的营养成分极其丰富，含有人体所必需的优质蛋白质、脂肪、类脂质、矿物质及维生素等营养物质，而且消化吸收率非常高，是优质的营养食品。禽蛋的蛋白质含量不仅高，而且属于完全蛋白质或足价蛋白质，其消化率为98%，生物价为94%，氨基酸评分为100%。禽蛋中含有的磷脂对人体发育非常重要，是大脑和神经系统活动所不可缺少的重要物质。

将蛋品加入面包、蛋糕等西点中，可提高产品的营养价值。此外，鸡蛋和乳品在营养上具有互补性。鸡蛋中铁相对较多，钙较少，而乳品中钙相对较多，铁较少。因此，在西点中将蛋品和乳品混合使用，可以互相补充营养成分。

第六节　乳及乳制品

乳品是面包制作中的高档优质辅料，具有很高的营养价值，在改善工艺性能方面也发挥着重要作用。用于西点加工生产的乳品主要是牛乳及其制品。

一、常用乳制品的种类及特性

面包制作中常用的乳制品有鲜乳、全脂乳粉、脱脂乳粉、甜炼乳、淡炼乳、稀奶油、干酪等。

（一）鲜乳

鲜乳（即鲜奶）是哺乳动物分泌的乳汁，主要有牛乳（牛奶）、羊乳（羊奶）等。西点生产中所说的鲜乳，一般是指生鲜牛乳。鲜乳多在传统西点中使用。生鲜牛乳呈乳白色或稍带微黄色，具有新鲜牛乳固有的香味，无其他异味；呈均匀的胶态流体，无沉淀、无凝块、无杂质和无异物等。

（二）乳粉

乳粉是以鲜乳为原料，经浓缩后喷雾干燥制成的。乳粉包括全脂乳粉和脱脂乳粉两大类。乳粉脱去了水分，便于贮存、携带和运输，可以随时取用，不受季节限制，容易保持产品的清洁卫生，因此在面包、西点制品中广泛应用。

乳粉的性质与原料乳的化学成分有密切关系，加工良好的乳粉保持着鲜乳的原有风味，按一定比例加水溶解后，其乳状波和鲜乳极为接近，这一点与面包、糕点的生产及产品质量关系密切。

1. 溶解度

乳粉溶解于水，其溶解程度为溶解度，此种性质对乳粉的质量影响很大。质量优良的乳粉可完全溶于水中。乳粉的溶解度与加工方法有密切关系，用喷雾干燥法制成的乳粉，其溶解度为97%～99%。

2. 吸湿性

各种乳粉，不论其加工方法如何，均有吸湿性。乳粉吸湿后会凝结成块，不利于贮存。

3. 口感

正常的乳粉带有微甜、细腻的口感。由于乳粉可吸收异味，因此原料乳的状况、加工方法、容器等均能影响乳粉的口感。

（三）炼乳

炼乳分甜炼乳（加糖炼乳）和淡炼乳（无糖炼乳）两种，以甜炼乳销量较大，在面包、糕点生产中使用较多。所谓甜炼乳即在原料牛乳中加入 15％～ 16％的蔗糖，然后将牛乳的水分加热蒸发，浓缩至原体积的 40％。浓缩至原体积的 50％时不加糖的为淡炼乳。

淡炼乳

甜炼乳利用高浓度蔗糖进行防腐，如果生产条件符合规定，包装卫生严密，在 8～10 ℃下长时间贮存也不会腐坏。由于炼乳携带和食用非常方便，因此，缺乏鲜乳供应的地区，炼乳可作为面包、西点生产的理想原料。

（四）淡奶

淡奶又称奶水或蒸发奶，是将鲜牛乳经蒸馏去除一些水分后得到的乳制品，如雀巢公司的三花淡奶即是此类产品。淡奶没有炼乳浓稠，但比牛奶稍浓，其乳糖含量较一般牛奶高，奶香味较浓，可以给予西点特殊的风味。以 50％的淡奶加上 50％的水混合即成全脂鲜奶。淡奶也可用乳粉加水调配来代替，乳粉和水的比例为 1：9 或 2：8。

（五）乳酪

乳酪（又称奶酪、干酪、芝士、起司等）是用皱胃酶或胃蛋白酶将原料乳凝聚，再将凝块加工、成型、发酵、成熟而制得的一种乳制品。乳酪的营养价值很高，其中含有丰富的蛋白质、脂肪和钙、磷、硫等矿物质及丰富的维生素。乳酪在制造和成熟过程中，在微生物和酶的作用下，发生复杂的生物化学变化，使不溶性的蛋白质混合物转变为可溶性物质，乳糖分解为乳酸与其他混合物。这些变化使乳酪具有特殊的风味，并促进消化吸收率的提高。乳酪是西点中重要的营养强化制品。

乳酪在乳制品中种类繁多，由于工艺的不同，会使乳酪具有不同的风味、口感和贮藏性能。其中主要有如下种类。

1. 自然发酵乳酪

自然发酵乳酪是以鲜奶、稀奶油、酪乳或这些乳品的混合物为原料，使其凝固后除去乳清得到的新鲜制品或经成熟后得到的制品。按其硬度（水分含量）可分为软质乳酪、半硬质乳酪、硬质乳酪、超硬质乳酪。

（1）软质乳酪（水分含量在 40％以上）较有代表性的产品有不经成熟工艺的 Cottage Cheese 和经成熟工艺的 Blue Cheese。Cottage Cheese 水分较多，含脂肪较少，常作为餐桌食品或烹饪材料，一般不易保存。Blue Cheese 由青霉菌熟成，风味浓郁，是乳酪爱好者最喜欢的产品，被称为"乳酪之王"。软质乳酪一般风味较强，变化也多，嗜好性强。其成熟时间短，多作为餐桌食品。

（2）半硬质乳酪（水分含量为 36%～40%）较有代表性的产品有 Gouda Cheese、Edam Cheese，这两种都是荷兰有名的乳酪。半硬质乳酪既有丰富的风味，滋味又比较温和，主要作为餐用，也被用作加工乳酪的原料。

（3）硬质乳酪（水分含量为 25%～36%）主要有 Emmentatar Cheese（Swiss Emmentatar）、Cheddar Cheese 等。Swiss Emmentatar 是瑞士有名的乳酪，略有甜味，常制成直径 90～100 cm，厚 15 cm，重 80～100 kg 的圆盘状。Cheddar Cheese 是英国有名的乳酪，带有一点快感的酸味，香味浓郁，是世界上产量最大的乳酪。硬质乳酪既可作餐用，又可作为加工乳酪的原料。它的成熟期长，风味比较稳定，生产量也最大。

（4）超硬质乳酪（水分含量在 25% 以下）主要有 Parmesan Cheese 等。Parmesan Cheese 是意大利的代表乳酪，成熟期在 1 年以上，非常坚硬，常刮成粉末使用，因此也称 Powder Cheese。超硬质乳酪多作为加工乳酪的原料。

2. 加工乳酪

加工乳酪是由几种（或 1 种）自然乳酪作原料，再添加诸如奶油、乳脂肪、香味剂，经粉碎、混合、加热熔融、乳化等工艺而制成的产品，乳固形物在 40% 以上。这种乳酪是烘焙食品的常用材料。

3. 奶油乳酪

奶油乳酪是在未经发酵过程刚做好还带有浓浓奶香的新鲜乳酪中掺入适量鲜奶油或鲜奶油和牛油的混合物而制成的产品。奶油乳酪是乳酪蛋糕中不可缺少的原料。一般奶油乳酪为块状产品，质感与奶油有些相似，但颜色较浅白，气味也大不相同。奶油乳酪在开封后极容易吸收其他味道而腐败，故开封后应尽快使用。

（六）鲜奶油（稀奶油）

牛乳中的脂肪是以脂肪球的形式存在的，它的相对密度约为 0.94，所以牛乳在静置之后，往往由于脂肪球上浮，形成一层奶皮，这就是鲜奶油。鲜奶油不仅是制造奶油的原料，而且还可直接用来制作冰淇淋和用作蛋糕装饰奶油及西点馅料等。鲜奶油和奶油的区别在于鲜奶油的乳化状态是 O/W，而奶油的是 W/O。

鲜奶油的制法是用离心机将乳脂肪同牛乳的其他成分分离开来。鲜奶油中不允许添加其他油脂，乳脂肪呈球状颗粒存在，除油脂外还有水分和少量蛋白质。鲜奶油是 O/W 型乳化状态混合物，呈白色像牛奶似的液体。

鲜奶油的种类较多，通常以其中乳脂含量的不同来区分。最常见的有：①咖啡饮料用鲜奶油。乳脂含量在20%以下，无法打发。②发泡鲜奶油。乳脂含量在30%左右，其中添加有少许稳定剂和乳化剂，可以打发至2倍体积。③以植物性脂肪代替乳脂肪而制造的植物鲜奶油，又称人造鲜奶油，主要成分是棕榈油、玉米糖浆及其氢化物。植物性鲜奶油通常是已经加糖的，而动物性鲜奶油一般是不含糖的。

不同品牌的鲜奶油保存方式有所不同，使用时应仔细阅读产品包装上的保存方法和保存期限说明。

（七）酸奶

酸奶是在牛奶中添加乳酸菌使之发酵、凝固而制成的产品。酸奶不仅含有高营养的乳蛋白、矿物质和维生素，而且牛乳经过了发酵，易消化。另外，由于乳酸菌的存在，使人体肠道内能保持适宜酸度，可以抑制腐败细菌的生殖，有整肠作用。根据其性状可分为硬质酸奶、软质酸奶，近年这类产品作为健康和疗效食品发展很快，种类丰富。酸奶不仅常用于蛋糕等点心的装饰，而且还用于酸奶蛋糕的制作。

（八）酸奶油

酸奶油是在鲜奶油中添加乳酸菌，置于约22℃的环境中发酵，使乳酸含量达到0.5%而制成的产品。酸奶油可用于酸奶蛋糕的制作。

二、乳制品的烘焙工艺特性

（一）提高面团的吸水率

乳粉中含有大量蛋白质，其中酪蛋白占蛋白质总含量的80%～82%，酪蛋白含量的多少影响着面团的吸水率。乳粉的吸水率为自重的100%～125%。因此，每增加1%的乳粉，面团的吸水率就要相应增加1%～1.25%，烘焙食品的产量和出品率会相应提高，成本下降。

脱脂乳粉本身亦有其吸水涨润过程，当一开始使用较高的加水量时，调粉若干分钟后，面团可能还比较软，此时切不可加干粉来调节面团软硬度，因为此时乳粉还未充分水化。过了一段时间后，面团自然会表现出正常的软硬度。可见，使用脱脂乳粉将延长完全水化的时间，且推迟整个调粉的进程。

（二）提高面团筋力和搅拌能力

乳制品中含有大量乳蛋白质，对面筋的形成具有一定的增强作用，可以提高面团筋力和面团的强度，不会因搅拌时间延长而导致搅拌过度。筋力弱的面粉较筋力强的面粉受乳粉的影响大。加入乳粉的面团更适于高速搅拌，改善面包的组织和增大面包的体积。

（三）改善面团的物理性质

面团中加入了经适当热处理的乳粉后，面团的吸水率提高，筋力提高，搅拌耐力增强。但是如果使用未经热处理的鲜牛乳或乳清蛋白质，不仅不能改善面团的物理性质，而且会减弱面团的吸水性，使面团黏软，面包体积小。这是因为未经热处理的鲜乳中含有较多的硫氢基（–SH），硫氢基是蛋白酶的激活剂，蛋白酶作用于面筋蛋白质，就会降低面团的筋力，而经过热处理使乳蛋白质中的硫氢基失去活性，可减少对面团的不良影响。

（四）提高面团的发酵耐力

乳制品可以提高面团的发酵耐力，使面团不会因发酵时间延长而成为发酵过度的老面团。这是因为在乳制品中含有的大量蛋白质，对面团发酵 pH 值的变化具有一定缓冲作用，使面团的 pH 值不会发生太大的变化，保证面团的正常发酵。乳制品还可抑制淀粉酶的活性，减缓酵母的生长繁殖速度，使面团发酵速度适当放慢，有利于面团均匀膨胀，增大面包体积。另外，乳制品可刺激酵母内酒精酶的活性，提高糖的利用率，有利于二氧化碳气体的产生。

（五）改善制品的组织

由于乳制品提高了面团的筋力，改善了面团的发酵耐力和持气性，因此，含有乳制品的制品组织均匀、柔软、酥松，并富有弹性。含有乳制品的面包颗粒细小，组织均匀，柔软而富有光泽，体积增大。

（六）延缓制品的老化

乳中蛋白质及乳糖、矿物质等有抗老化作用。乳制品中含有大量蛋白质，使面团吸水率增加，面筋性能得到改善，面包体积增大，这些因素都有助于使制品老化速度减慢，延长其保鲜期。

（七）乳制品是良好的着色剂

乳制品中含有具有还原性的乳糖，不能被酵母所利用，发酵后仍全部留在面团中。在烘焙期间，乳糖与蛋白质中的氨基酸发生褐变反应，会形成诱人的色泽。乳制品用量越多，制品的表皮颜色就越深。乳糖的熔点较低，在烘焙期间着色快。因此，凡是使用较多乳制品的烘焙食品，都要适当降低烘焙温度和延长烘焙时间，否则，制品着色过快，易造成外焦内生的现象。

（八）赋予制品浓郁的奶香风味

乳制品中的脂肪有一种奶香风味。在烘焙时，将其加入烘焙食品中，会使低分子脂肪酸挥发，奶香更加浓郁，食用时风味清雅，有促进食欲，提高制品食用价值的显著作用。

（九）提高制品的营养价值

面粉是面包、蛋糕等西点的主要原料。面粉中的蛋白质是一种不完全蛋白质，缺少赖氨酸、色氨酸和蛋氨酸等人体必需的氨基酸，而乳中含有丰富的蛋白质和人体必需的氨基酸，维生素和矿物质也很丰富。所以，在西点中添加乳制品，可以提高成品的营养价值。例如，在面包配方中加入6%的乳粉，可使面包中的赖氨酸增加46%，色氨酸增加1%，蛋氨酸增加23%，钙质增加66%，维生素B$_2$增加13%，这样会使得面包更富有营养。

第七节　酵母

酵母是面包制作中不可缺少的重要原料之一。烘焙食品生产中所用的酵母为面包酵母，它是以糖蜜、淀粉质为原料，经发酵法通风培养酿酒酵母而制得的具有发酵力的面包酵母。

一、面包酵母的特点

（1）面包酵母是一种单细胞微生物，学名"啤酒酵母"，属真菌类。

（2）面包酵母繁殖的方式主要是出芽繁殖。

（3）酵母的繁殖速度受营养物质、温度等环境条件的影响，其中营养物质是重要因素。酵母所需的营养物质有氮、碳、矿物质和生长素等。

碳源作为酵母生长的能量来源，主要来自面团中的糖类。氮源主要用于酵母所需的蛋白质及核酸的合成，主要来自各种面包添加剂中的铵盐，如氯化铵、硫酸铵等。矿物质是酵母生长所必需的营养物质。维生素是促进酵母生长的重要物质，如硫胺素、核黄素等。

现代面包制作技术，都采用多功能的面团改良剂来改善其产品质量。目前，国内外生产的面团改良剂中都含有酵母所需的营养物质，以促进酵母的繁殖和发酵。

二、影响酵母活性的因素

1. 温度

酵母生长的适宜温度在 27 ~ 32 ℃之间，最适宜温度为 27 ~ 28 ℃。因此，面团的前发酵阶段应该控制发酵室温在 30 ℃以下。将温度控制在 27 ~ 28 ℃范围内主要是使酵母大量繁殖，为最后醒发积累后劲。酵母的活性随着温度升高而增强，面团内的产气量也随之大量增加。当面团温度达到 38 ℃时，产气量达到最大。因此，面团醒发时温度要控制在 35 ~ 39 ℃之间。如果温度太高，酵母衰老快，也易产生杂菌，使面包变酸。温度在 10 ℃以下时，酵母活性几乎完全停止，因此在搅拌面团时，不能用冷水与酵母直接接触，以免破坏酵母的活性。

2. pH 值

酵母适宜在酸性条件下（pH 值为 4 ~ 5）生长，在碱性条件下其活性大大减弱。一般面团的 pH 值控制在 4 ~ 6 最好，pH 值低于 4 或高于 8 时，酵母活性都将大大受到抑制。

3. 渗透压

酵母细胞外围有一半透性细胞膜，酵母细胞通过此细胞膜以渗透的方式获得营养，所以外界浓度的高低会影响酵母细胞的活性。高浓度的糖、盐、无机盐和其他可溶性的固体都会抑制酵母的发酵。在面包面团中含有较多的糖、盐等成分，均产生渗透压。渗透压过高，会使酵母体内的原生质和水分渗出细胞膜，造成质壁分离，使酵母无法维持正常生长直至死亡。糖在面团中超过 6%（按面粉量计），则对酵母活性具有抑制作用，低于 6% 则有促进发酵的作用。其中，干酵母比鲜酵母耐高渗透环境。蔗糖、葡萄糖、果糖比麦芽糖产生的渗透压要大，盐比糖抑制发酵的作用大（渗透压相等值为：2% 食盐 =12% 蔗糖 =6% 葡萄糖）。

4. 水

水是酵母生长繁殖所必需的物质，许多营养物质都需要借助于水的介质作用而被酵母所吸收。因此，调粉时加水量较多、较软的面团，发酵速度较快。

5. 营养物质

影响酵母活性的最重要营养源是氮素源。目前，国内外研制的面团改良剂中都含有硫酸铵或磷酸铵等铵盐，能在发酵过程中提供氮素源，促进酵母繁殖、生长和发酵。

三、酵母的作用

1. 使面团膨胀，使制品疏松柔软

这是酵母的重要作用之一。在发酵中，酵母利用面团中的糖进行繁殖、发酵，产生大量二氧化碳气体，最终使面团膨胀，经烘焙后使制品体积增大，组织疏松柔软。

2. 改善面筋

面团的发酵过程也是一个成熟过程，发酵产物除二氧化碳气体外，还有酒精、酯类和有机酸等，这些生成物往往能增加面筋的延伸性和弹力，使面团最终得到细密的气泡和很薄的膜状组织，具体表现如下：

（1）发酵完成时酒精浓度约为2%，它可使脂质与蛋白质的结合松弛、面团软化。

（2）二氧化碳在形成气泡时从内部拉伸面团组织，增强面团的弹性。

（3）发酵产生的乳酸和醋酸等，不仅使面团的 pH 值下降，有利于酵母发酵，而且还促进了面团中面筋胶体的吸水和涨润，使面筋软化，延伸性增大。

3. 改善制品风味

面团在发酵过程中形成了酒精、有机酸、醛类、酮类、酯类等风味物质，在制品烘焙后会形成发酵制品特有的香味。

4. 提高产品营养价值，易于人体消化吸收

在面团的发酵过程中，酵母中的各种酶有利于促使面粉中的各种营养成分的分解。例如，淀粉中的一部分转变成麦芽糖和葡萄糖，蛋白质可水解成胨、肽和氨基酸等物质。这提高了谷物的生理价值，对人体的消化吸收非常有益，特别是对老年人、儿童及消化系统功能障碍患者更为有益。此外，面团经过发酵后还有利于人体吸收面粉中的一些营养成分，如提高某些矿物质和维生素的吸收利用率。

酵母本身就是营养价值很高的物质，它含有丰富的蛋白质、多种维生素及矿物质。面团发酵过程中生长繁殖的大量酵母，使面包等制品的营养价值明显提高。

四、面包酵母的种类

面包酵母可分为鲜酵母、活性干酵母、高活性干酵母三类。

1. 鲜酵母

鲜酵母俗称压榨酵母，是具有强大生命力的酵母细胞所组成的有发酵力的干菌体，水分含量为71%～73%。它由酵母菌种在糖蜜等培养基中经过扩大培养和

繁殖、分离、压榨而制成。鲜酵母保质期短，贮存条件严格，有效贮藏期仅为 3 ～ 4 周，保质期一般不少于 7 天，且必须在 –4 ～ 4 ℃冰箱或冷库中贮藏。使用前需活化处理，用 30 ～ 35 ℃的温水活化 10 ～ 15 min。

虽然现在面包生产中已大量使用干酵母，但新型的鲜酵母质量稳定，发酵耐力强，后劲大，入炉膨胀好，制作的面包体积大，风味好。如有条件，仍可以选择鲜酵母制作面包。

2. 活性干酵母

活性干酵母是由鲜酵母经低温干燥而成的颗粒酵母，使用前需用温水活化。

3. 高活性干酵母

高活性干酵母又称即发活性干酵母，与鲜酵母、活性干酵母相比，具有以下鲜明特点：

（1）活性特别高。

（2）活性特别稳定。

（3）发酵速度快。

（4）使用时不需活化处理，非常方便。

（5）不需低温贮藏，只要贮藏于 20 ℃以下阴凉、干燥处即可。

五、酵母的选择和使用

酵母的选择和使用是否正确，直接关系到面团能否正常发酵和面包类发酵制品的质量。正确使用酵母的原则是在制品生产过程中要保持酵母的活性，每道工序都要有利于酵母的充分繁殖和发酵。

1. 酵母的选择

不同的酵母不仅发酵力不同，其发酵特性也不同，而且适用的产品配方、工艺要求也不同。有的发酵速度快，有的慢；有的发酵耐力强、后劲大，有的发酵耐力差、后劲小，甚至无后劲；有的适用于高糖配方，有的适用于低糖配方。对面包酵母来说，其发酵耐力越强，后劲越大越好，则面包的体积也越大，越疏松有弹性。如果酵母发酵耐力差，后劲小，则面包体积小，组织紧密，缺乏弹性，面团在醒发过程中易塌陷。

面包酵母的后劲是指酵母在面团发酵过程中，前一阶段发酵速度较慢，越往后发酵速度越快，产气量增多，产气持续时间长，面团膨胀大，而且面团发酵适度后仍能在一定时间内（15 ～ 25 min）保持不塌陷。酵母的这一特性在面包生产工艺中是非常重要的，它有利于对发酵工序的控制，有利于醒发和烘焙工序之间的衔接，减少面团醒发期间的损失和次品。

面包酵母后劲小或无后劲是指酵母在发酵的前一阶段速度较快，越往后发酵速度越慢，产气量减小，到了发酵高峰后，酵母停止产气活动，面团如不及时入炉烘焙，再继续发酵就会使面团因其内部气压减小而凹陷、收缩成为废品。使用后劲小或无后劲酵母的面团，在醒发过程中较难控制，稍一过度就会使面团塌陷而不能烘焙。

因此，不管选用哪种酵母，首先应通过小型发酵试验，了解酵母的发酵特性和规律，制订出正确的发酵工艺后再大批量投入使用，以免造成不必要的损失。

选择酵母还必须考虑制品的发酵工艺和配方。高活性干酵母适用于快速发酵法，也可以用于一次发酵法和二次发酵法生产面包，但效果不如鲜酵母。高活性干酵母一般均注明适合高糖或低糖配方的产品，高糖产品的面包酵母是选择耐糖性好的酵母菌种来培养、繁殖、生产的，如果用于低糖产品则不能正常发酵和醒发；而低糖酵母耐糖性差，不能在高糖产品中正常生长，只能在低糖产品中使用。

在选择高活性干酵母时，还应注意产品的生产日期和保质期，以保证在酵母的保质期内使用。超过了保质期的酵母，其生物活性降低，发酵力降低，会造成面团起发不好，甚至不能起发。

由于高活性干酵母采用真空密封包装，其复合铝箔袋应该坚挺。如果包装袋变软，说明已有空气进入袋内，将影响和降低酵母的活性。

在制作面包、苏打饼干等发酵食品时，酵母品质的优劣将影响到整个生产过程及产品的质量。因此，必须对使用的酵母进行品质检验鉴定。

2. 酵母的添加方法

酵母对温度的变化最为敏感，它的生命活动与温度的变化息息相关，其活性和发酵耐力随着温度的变化而改变。影响酵母活性的关键工序之一是搅拌。对于无空调设备的加工场所，搅拌机不能恒温控制，需根据季节变化调整水温来控制面团的温度。在搅拌过程中酵母的添加分为以下几种情况：

（1）春、秋季节多用 30～40 ℃的温水来搅拌，酵母可直接添加在水中。这样既保证了酵母在面团中均匀分散，又起到了活化作用。此时水温千万不能太高，超过 50 ℃时酵母会被杀死。

（2）夏初季节多用冷水搅拌，冬季多用热水搅拌。在这两个季节应先将酵母拌入面粉中再投入搅拌机进行搅拌，这样就可以避免酵母直接接触冷水、热水而失活。酵母如果接触到 15 ℃以下的冷水，其活性会大大降低，在面包行业俗称"感冒"，造成面团发酵时间长、酸度大，面包有异味；如果接触到 55 ℃以上的热水则很快被杀死。将酵母混入面粉中再搅拌，则面粉先起到了中和水温和保护酵母的作用。

（3）盛夏季节室温超过 30 ℃以上，酵母应在面团搅拌完成前 5 ～ 6 min 时，均匀撒在面团上搅拌均匀即可。如果酵母先与面粉拌在一起搅拌，则会出现边搅拌边发酵产气的现象，使面团无法形成，影响了面团的搅拌质量。盛夏高温季节调粉时，千万不可将酵母在水中活化，这样会使搅拌过程中发酵产气得更快，从而无法控制面团的质量。

（4）在搅拌过程中，添加酵母时要尽量避免直接接触到糖、盐等高渗透压物质。

3. 酵母的使用量

酵母的使用量与酵母的种类、发酵力、发酵工艺、产品配方等因素有关，在实际生产中应根据具体情况来调整。

（1）酵母种类。

不同种类酵母的活性和发酵力不同，其产气能力不同，使用量也就不同。各种酵母之间的用量换算关系如下。

鲜酵母∶活性干酵母∶高活性干酵母 =1 ∶ 0.5 ∶ 0.3

（2）发酵方法。

发酵次数越多，酵母用量越少，反之越多。因此，快速发酵法用量最多，一次发酵法次之，二次发酵法用量最少。

（3）配方。

辅料越多，特别是糖、盐用量越多，对酵母产生的渗透压也越大。鸡蛋、奶粉用量多时，使面团韧性增强，应增加酵母用量。因此，甜面包较主食面包酵母用量多。

（4）面粉筋力。

面粉筋力大，面团韧性强，应增加酵母用量；反之，则应减少用量。

（5）季节温度变化。

夏季气温高，发酵快，可减少酵母用量；春季、秋季、冬季温度低，应增加酵母用量，以保证面团正常发酵。

（6）面团软硬度。

加水多的软面团发酵快，可适当少加酵母；加水少的硬面团则应适当多加酵母。

（7）水质。

使用硬度较高的水时应适当增加酵母用量；使用软质的水时则应适当减少酵母用量。

第八节　食盐

食盐是制作面包的四大基本原料之一，虽然用量不多，但是不可缺少。即使最简单的硬式面包（如法国面包），可以不用糖，但必须用食盐。

一、食盐的作用

1. 增加制品风味

食盐是一种咸味剂，能刺激人的味觉神经，不仅能引出原料的风味，衬托发酵后的酯香味，而且与砂糖的甜味互相补充，会产生甜美、柔和的口感，使制品风味更加突出。

2. 调节和控制发酵速度

一般微生物在食盐的用量超过1%（以面粉计）时，会产生明显的渗透压，对酵母发酵有抑制作用，能降低发酵速度。因此，可以通过增加或减少配方中食盐的用量，来调节和控制面团发酵速度。

如果面团中不加入食盐，就会使酵母繁殖过快，面团发酵速度过快，不仅面筋网络不能均匀膨胀，局部组织气泡多、气压大，而且面筋过度延伸，极易造成面团因破裂、跑气而塌陷，使制品组织不均匀，有大气孔，表面粗糙无光泽。

如果加入一定量的食盐，使酵母活性受到一定程度的抑制，就会使面团内的产气速度缓慢，气压均匀，进而使整个面筋网络均匀膨胀、延伸，面包体积增大，组织均匀，无大孔洞。通过对比试验，加盐量为1.5%的面包体积为560 cm³/100 g，而不加盐的面包体积为400 cm³/100 g。

3. 增强面筋筋力

食盐可使面筋质地变细密，增强面筋的立体网状结构，易于扩展延伸，同时能使面筋产生相互吸附的作用，从而增加面筋的弹性。因此，低筋面粉可使用较多的食盐，高筋面粉则应少用食盐，以调节面粉筋力。

4. 改善面包的内部颜色

食盐虽然不能直接漂白面包的内部色泽，但由于食盐改善了面筋的立体网状结构，使面团有足够的能力保持发酵产生的二氧化碳气体。同时，由于食盐能够控制发酵速度，使产气均匀，面团均匀膨胀、扩展，使面包内部组织细密、均匀，气孔壁薄呈半透明状，阴影少。当光线照射制品内部时，易于透过气孔壁，投射的暗影较小，因此面包内部色泽变得洁白。

5. 增加面团调制时间

如果调粉开始时即加入食盐，会增加面团 50% ～ 100% 调制时间。现代面包生产技术都采用后加盐法，即一般在面团中的面筋已经扩展，但还未充分扩展或面团搅拌完成前的 5 ～ 6 min 加入。

二、食盐在面包中的使用量和使用方法

面包中的用盐量应从以下几个方面考虑：

（1）面粉的筋力大小与食盐用量有关。低筋面粉应多用食盐，高筋面粉应少用食盐。

（2）配方中糖的用量较多时，食盐用量应减少，因为两者均产生渗透压作用。

（3）配方中油脂用量较多时，食盐用量应增加。

（4）配方中乳粉、鸡蛋、面团改良剂用量较多时，食盐用量应减少。

（5）夏季温度较高时应增加食盐的用量；秋季、冬季温度较低时食盐用量应减少。

（6）水质较硬时应减少食盐的用量；水质较软时应增加食盐的用量。

（7）需要延长发酵时间可增加食盐用量；需要缩短发酵时间则应减少食盐用量。

制作面包时，宜采用后加盐法，即在面团搅拌的最后阶段加入。一般在面团的面筋扩展阶段后期，即面团不再黏附搅拌机缸壁时，食盐作为最后的辅料加入，然后再搅拌 5 ～ 6 min 即可。

第二章　面包制作的工艺

第一节　面包制作流程

一、工艺流程

　　面包制作工艺流程中主要的工序有：面团搅拌、发酵、整形、醒发、烘焙、冷却和包装。如果不考虑发酵方法，各种面包的制作工艺流程基本上是相同的。下图是广泛采用的一次发酵法和二次发酵法的面包制作工艺流程。

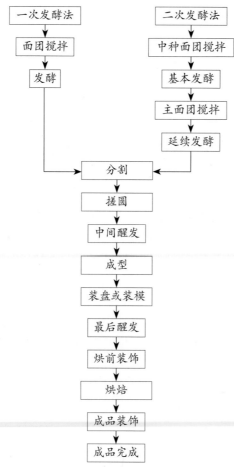

面包制作工艺流程图

二、生产前的准备工作

在进行面包生产制作之前，首先应做好以下准备工作，以确保面包生产制作能够保质保量地顺利进行。

（1）确定生产品种的工艺流程和必备的设备器具。

①发酵方法的确定。通过确定该品种面包的发酵方法是一次发酵法、二次发酵法或快速发酵法，从而确定该品种面包制作的工艺过程、工艺路线。

②确定生产的数量和所需操作时间。

③对机械设备进行周密的检查，确定其完好程度。

④检查盛装成品的容器数量和卫生状况。

（2）核对配方，检查原料和辅料是否准备齐全。

（3）检查原料和辅料的质量情况是否符合要求。

第二节　面团搅拌

面团搅拌俗称调粉、和面，是将原料和辅料按照配方用量，根据一定的投料顺序，调制成具有适宜加工性能面团的操作过程。它是影响面包质量的决定性因素之一。

一、面团搅拌的目的

（1）使各种原料和辅料充分分散并均匀混合在一起，形成质量均一的整体。

（2）加速面粉吸水胀润形成面筋的速度，缩短面团形成时间。

（3）扩展面筋，促进面筋网络的形成，使面团具有良好的弹性和延伸性，改善面团的加工性能。

（4）使空气进入面团中，尽可能地包含在面团内，并且尽量达到均匀分布的目的。

（5）使面团达到一定的吸水程度、pH值、温度，提供适宜的养分供酵母利用，使酵母能够最大限度地发挥产气作用。

二、面团搅拌的六个阶段

根据面团搅拌过程中面团的物理性质变化，可将面团搅拌分为六个阶段。

1. 原料混合阶段

又称初始阶段、拾起阶段。在这个阶段，配方中的干性原料与湿性原料混合，形成粗糙且湿润的面块。用手触摸面团时有些地方较湿润，有些地方较干燥，这是搅拌和水化不匀造成的。水化作用仅发生在表面，面筋没有形成。此时的面团无弹性、无延伸性，表面不整齐，易散落。

通常在这一阶段要求搅拌机以低速转动，使原料和辅料逐渐分散，并混合起来。在面团产生黏性之前，将原料和辅料充分分散、混合对面团搅拌是极其重要的。如果搅拌初始阶段搅拌机的转速太快，原料和辅料未能充分分散，面粉就和水结合生成面筋，会导致与其他成分混合不匀。因此，几乎所有面团最少都要低速搅拌 3 分钟。

2. 面筋形成阶段

又称卷起阶段。此阶段配方中的水分已经全部被面粉等干性原料均匀吸收，水化作用基本结束，一部分蛋白质形成面筋，使面团成为一个整体，并黏附在搅拌钩上，随着搅拌轴的转动而转动。搅拌缸的缸壁和缸底已不再黏附面团而变得干净。用手触摸面团时仍会黏手，表面湿润，用手拉面团时无良好的延伸性，容易断裂，面团较硬且缺乏弹性。

3. 面筋扩展阶段

此时面团性质逐渐有所改变，随着搅拌钩的交替推拉，面团不像先前那么坚硬，有少许松弛；面团表面趋于干燥，且较为光滑和有光泽。用手触摸面团已具

有弹性并较柔软，黏性减小，有一定的延伸性，但用手拉取面团时仍易断裂。

4. 面筋完全扩展阶段

又称搅拌完成阶段、面团完成阶段。此时面团内的面筋已充分扩展，具有良好的延伸性，面团干燥、柔软且不黏手。面团随搅拌钩的转动又会黏附在缸壁上，但当搅拌钩离开时又会随之而离开缸壁，并不时发出"噼啪"的打击声和"嘶嘶"的黏缸声。这时面团表面干燥而有光泽，细腻整洁，无粗糙感。用手拉取面团时有良好的弹性和延伸性，面团柔软。

面筋完全扩展阶段是大多数面包产品面团搅拌结束的适当阶段，面团在此时的变化是十分迅速的。这个阶段仅数十秒的时间就可以使面团从弹性强韧、黏性和延伸性较小的状态迅速转入弹性减弱、略有黏性、延伸性大增的状态。准确地把握这一变化是制作优良面包的关键。

判断面团是否搅拌到了适当程度，除用感官凭经验来确定外，目前还没有更好的方法。一般来说，搅拌到适当程度的面团，可用双手将其拉展成一张像玻璃纸般的薄膜，整个薄膜分布均匀，光滑无粗糙，无不整齐的痕迹。用手触摸面团表面感觉有黏性，但离开面团不会黏手，面团表面有手黏附的痕迹，但很快消失。

5. 搅拌过度阶段

又称衰落阶段。当面团搅拌到完成阶段后仍继续搅拌，面团开始黏附在缸壁而不随搅拌钩的转动离开。此时停止搅拌，可看到面团向缸的四周"流动"，面团明显地变得柔软及弹性不足，黏性和延伸性过大。在延展面团时，面团缺乏抗延伸力，拉成薄膜后，出现流散状的下垂现象。如将面团搓成小球状，置于玻璃板上，其将迅速出现下坠现象，使黏着于板面上的面团直径迅速扩大，表现出较大的流散性。

过度的机械作用使面筋超过了搅拌耐度，面筋开始断裂，面筋胶团中吸收的水分溢出。搅拌到这个程度的面团，将严重影响面包成品的质量。但对于过强韧的面粉，用过度搅拌的方法还是有其作用的，只要相应地延长静置时间，就可制出正常的产品。

6. 破坏阶段

经过衰落阶段，如果继续搅拌，就会导致面团结构被破坏。面团灰暗并失去光泽，逐渐成为半透明并带有流动性的半固体，表面很湿，非常黏手，完全丧失弹性。停机后面团会很快"流"向缸的四周，搅拌钩已无法再将面团卷起。由于遭到严重破坏，面筋断裂，面团中已洗不出面筋，用手拉取面团时，手掌中会有一*丝丝*

的线状透明胶质。搅拌到这个程度的面团，已不能用于面包制作。

应当注意的是，面团搅拌的各个阶段之间并无十分明显的界限，要掌握适宜的程度，需要有足够的经验，才能做到应用自如。

三、搅拌对面包品质的影响

1. 搅拌不足

面团若搅拌不足，面筋未达到充分扩展，没有良好的弹性和延伸性，不能保持发酵时产生的二氧化碳气体，面包体积小，易收缩变形，内部组织粗糙，颗粒较大，颜色呈黄褐色，结构不均匀。面团表面较湿，发黏，硬度大，不利于整形和操作，面团表面易撕裂，使面包外观不规整。

2. 搅拌过度

面团搅拌过度，则表面过于湿黏、软化，弹性差，极不利于整形操作。面团搓圆后无法挺立，会向四周摊流，持气性差。烤出的面包扁平，体积小，内部组织粗糙、孔洞多、颗粒多，品质差。

四、影响面团搅拌的因素

（一）面粉质量

面粉质量对面团搅拌影响最大。在面团搅拌的过程中，由于面筋蛋白质空间结构存在的硫氢基容易被空气氧化成二硫键，从而扩大和加强了面筋网络组织。随着搅拌时间的延长和对面团的不断揉压、迭叠，面筋网络进一步细密化。当面筋得到充分扩展时，面团会变得非常柔软，用手拉时具有良好的弹性和延伸性。良好的延伸性使面团变得柔软，易于滚圆和整形；而良好的弹性则使面团在发酵和烘焙过程中可以保存适量的二氧化碳气体，并能承受面团膨胀所产生的张力，使二氧化碳不易逸出，面包具有良好的烘焙急胀，从而保证成品达到最大体积且组织均匀。

面粉中蛋白质含量较高时，面团吸水量也随之增加，面筋蛋白质的水化时间较长，面团达到充分吸水的阶段将推迟，从而使面团成熟的过程比蛋白质含量低的面粉慢一些。吸水量的增加，导致面团中的面筋形成量亦随之增高，使面团完成最终阶段的弹性下降时间也随之后延，整个搅拌时间延长。

面粉质地的软硬对搅拌也有很大影响。例如，硬麦的面筋强度高时，面团稳定的时间长。即使同样是强力面粉，有的面团形成时间较短，但稳定时间较长；有的形成和稳定时间均较长；也有的形成时间较长，稳定时间较短；有的两者都比较短。

一般来说，面筋含量越高，形成面团的时间越长，即搅拌时间越长，面团软化越慢。

针对面粉的特性，为了改善其操作性能，改良成品品质，面粉生产中通常添加适量的氧化剂或还原剂，以及各种酶制剂和其他乳化剂来优化面粉品质。比如，当面粉中面筋含量略低，质量不理想时，可通过添加小麦活性面筋谷朊粉来增加面筋数量和面团结构强度；当面筋过强时通过添加 L- 半胱氨酸、山梨酸等还原剂来加速面粉的水化作用，减少搅拌时间。随着食品添加剂行业的飞速发展，面粉中的品质改良剂已由单一型变为复合型，在很大程度上改善了面粉的操作性能。

（二）加水量（吸水率）

面团搅拌时，加水量是一个重要的参数，它关系到面团的黏性、弹性、延伸性等流变学特性，因而与面团持气能力有关，同时对酵母的产气能力有影响，甚至还对酵母的繁殖速度也有影响，这些都直接或间接地影响面团的发酵时间和面包质量。

在实际生产制作中，加水量常随各种因素的变化而变化。例如，面粉质量，奶粉、砂糖、食盐、油脂的用量，面团温度，水质等因素均与面团加水量的多少有关。

各种不同类型的面包由于工艺操作的要求不一致，对面团软硬的选择也不一样。

通常主食面包的吸水率为 60%～ 64%，花色面包的吸水率要低一些。吸水量大，面团软，面团形成时间推迟，面团稳定时间较长，即达到破坏阶段的时间较长；吸水量低，面团硬度大，面团形成时间短，但面筋易被破坏，稳定性差。

（三）水质

水的 pH 值和水中矿物质对面团调制的质量有很大影响。pH 值在一定范围内偏低时可以加快调粉速度，如接近中性或微酸性（pH 值为 5～ 6）时对面团调制是有益的。但是如果酸性过强（pH 值＜ 5）或在碱性（pH 值＞ 8）条件下，会影响蛋白质的等电点，对面团的吸水速度、延伸性及面团的形成均有不良影响。但在采用快速发酵法调制面团时，可利用 pH 值偏低时水化速度快的特性，在配方中使用乳酸，使面团 pH 值下降，以达到缩短调粉时间的目的。一般情况下，面粉加水后调制成的面团，pH 值为 6 左右是正常的。添加 0.1%～ 0.2% 的乳酸后，pH 值可下降到 5.6；若乳酸量再增加的话，pH 值将下降到 5。这时，面团弹性很快达到高峰，但稳定范围有变小的倾向。

适量含钙、镁等离子的矿物质有利于面筋的形成，但水质过硬或过软均不适宜。硬水中过量的钙、镁离子吸附于淀粉和蛋白质分子的表面，易造成水化困难，调粉速度慢；水质过软，面粉水化速度虽快，但难以形成强韧的面团。

（四）面团温度

面团温度是调粉过程中最重要的技术指标，对面粉吸水率、调粉时间、pH 值变化、面筋形成量、面筋黏性和弹性，以及酵母的增殖、发酵力、发酵中的产酸量和发酵损失的多少都有较大影响。从吸水速度和吸水量来说，温度在 30 ℃以下时，面粉吸水速度减慢，吸水量下降。

一般来说，低温搅拌时，面团卷起阶段所需时间较短，但扩展所需时间较长，达到最佳扩展程度后弱化到破坏阶段也需要较长的时间，面团稳定性好；高温搅拌时，面团形成时间短，但不稳定，稍搅拌过度，就会迅速弱化而进入破坏阶段。

面团温度与一连串的工艺参数密切相关，在选择合适的面团温度时必须从各方面来考虑。可以说，温度是平衡各种因素的综合反映。为了控制面团温度，习惯上以水温来调节。

（五）辅料

1. 糖

糖的反水化作用使面粉的吸水率降低。对于蔗糖来说，制备同样硬度的面团，每增加 5%的糖，吸水率会降低 1%。随着糖量的增加，面粉的吸水速度减缓，面团形成时间延长，面团搅拌时间增加。

2. 食盐

食盐能使面筋蛋白质结构紧密，使面筋质地比较强韧，因而会延缓蛋白质的水化作用，使面团形成时间延长。因此，随着食盐量的增加，面团搅拌时间应适当延长。若采用后加盐法即在搅拌快结束时加盐，则可缩短搅拌时间。食盐对面粉吸水率也有一定影响，在面团中添加 2%的食盐，面粉吸水率降低 3%。但若加盐过量，蛋白质吸水性会增强，面团被稀释，其弹性和延伸性变差。

3. 乳粉

在面团中加入脱脂乳粉会提高其吸水率。一般每增加 1%的脱脂乳粉，面团的吸水率提高 1%。使用脱脂乳粉将延长搅拌时间，这是因为脱脂乳粉本身亦有吸水胀润的过程，当一开始使用较高的加水量时，搅拌若干分钟后，面团可能还比较软。这与乳粉还未充分水化有很大关系，此时切不可马上加入干粉调节软硬度，因为到了一定时间，面团自然会表现出正常的软硬度。

4. 油脂

油脂在调粉开始即加入面团中会影响蛋白质的水化作用，使面粉吸水率下降，吸水速度变慢，面团形成时间延长，面团弹性下降。一般每增加 1% 的油脂，面粉吸水率相应降低 1%。目前较为先进的搅拌工艺是在基本上形成面团后再加入油脂，其优点如下：

（1）油脂在面团中分散性好，在面筋膜表面形成覆盖的薄膜，增强了气体保持能力，面包体积明显增大。

（2）在一定程度上可避免油脂在酵母细胞表面形成包围膜，因而使发酵力增强，发酵速度变快。

（3）蛋白质水化作用快，面团易成熟，缩短了调粉所用时间。

（4）面团吸水量增大，黏性小，易光滑，操作性能比较优良。

（5）面包瓤心组织细腻，气孔膜薄而透明度高，色白而光亮。

（六）搅拌的速度和时间

搅拌机的速度对搅拌和面筋扩展的时间影响很大。一般情况下用稍快速度搅拌面团，卷起时间快，完成时间短，面团搅拌后性质亦佳。对面筋很强的面粉如用慢速搅拌，很难使面团达到完成阶段。面筋稍差的面粉，在搅拌时应用慢速，以免面筋被搅断。

在面团搅拌的初期和放入油脂的初期，搅拌速度要慢，防止机械因承担负荷过大而发生故障以及面粉、油脂和水的飞溅。另外，据研究，未水化的面粉和水一起高速搅拌时，会因为搅拌浆强大的压力而生成黏稠的面筋膜，将未水化的面粉包住，并阻止面粉和水的均匀混合。因此，采取直接法和快速法搅拌面团时，初期要低速搅拌 5 min 以上。对于中种法的主面团，因为已有 70% 的面粉水化完毕，所以余下的面粉、水比较容易分散，初期搅拌 2 min 即可。

面团的搅拌时间常随各种工艺条件和配料的变化而变化，也与不同的工艺操作方法有关。操作者通常不会完全按照搅拌设定时间来控制，而是凭自己的经验来判断，当认为达到适宜的程度时，即可停止搅拌。

所谓最适宜的调粉状态，主要是从两方面来观察：首先是面团的物理形状；其次是成品的质量。以主食面包为例，当面团在调粉时其弹性从最强韧的阶段稍显减弱，同时延伸性表现较好，即为最佳状态。此时如果用手摊平展开面团，能达到极薄的均匀半透明状态而不易破裂。如果生产出来的成品体积大而松软，瓤心纹理结构细密均匀，色泽及风味正常，说明面团搅拌程度是合适的。对于一些特殊的面包，最佳的搅拌程度可能不是面筋完全扩展阶段。例如，硬式面包需要较硬的面团，所以在面筋还未达到充分扩展时便结束搅拌，这样是为了保持此种面包特有的口感。对于丹麦起酥面包，由于面团还要经过包油起酥操作，为了使面团延伸操作容易进行，通常也是在面筋结合还较弱的情况下就结束搅拌。

各种面包的标准面团搅拌程度

面团搅拌的阶段	品种
面筋形成阶段	丹麦起酥面包
面筋扩展阶段	长时间发酵的法式面包、冷藏发酵的面团
面筋完全扩展阶段	主食面包、多种花式面包、法式面包
搅拌过度阶段	汉堡包

要确定适宜的搅拌程度与搅拌时间，与产品的配方、工艺的选择、原材料的性能都有密切关系，同时又与厂家的设备和操作场地的温度等有关，可以说不同的厂家会有不同的标准。

五、面团搅拌的投料顺序

以最常用的一次发酵法和快速发酵法为例，运用立式搅拌机搅拌面团的投料顺序如下。

（1）将水、糖、鸡蛋、面包添加剂（除特殊说明外）置于搅拌机中充分搅拌，使糖溶化均匀，面包添加剂均匀分散于水中。

（2）将奶粉、即发干酵母混入面粉中后放入搅拌机中搅拌成面团。如果使用鲜酵母和活性干酵母则应先用温水活化。酵母与面粉一起加入，可防止即发干酵母直接接触水而快速发酵产气，或因季节变化使用冷水、热水对酵母活性的直接伤害。奶粉混入面粉中可防止直接接触水而发生结块。

（3）当面团已经形成，面筋还未充分扩展时（卷起阶段到扩展阶段）加入油脂。此时油脂可在面筋和淀粉之间的界面上形成一层单分子润滑薄膜，与面筋紧密结合并且不分离，从而使面筋更为柔软，增加面团的持气性。如果加入过早，则会影响面筋的形成。若油脂因贮藏温度较低而硬度较高时，直接加入面团中将变成硬块状，很难混合，所以最好先软化后再加入。

（4）最后加入食盐。一般在面团中的面筋已经扩展，但还未充分扩展时或面团搅拌完成前 5～6 min 加入。现代面包生产技术都采用这种后加盐法。其具有以下优点：

①缩短面团搅拌时间。

②有利于面粉中的蛋白质充分水化，面筋充分形成，提高面粉吸水率。

③减少摩擦热量，有利于控制面团温度。

④减少能源消耗。

第三节　发酵

一、面团发酵的目的

面团发酵的目的概括起来有以下几个方面：

（1）使酵母大量繁殖，产生二氧化碳气体，促进面团体积膨胀，形成海绵状组织结构。

（2）改善面团的加工性能，使面团发生一系列物理、化学变化后变得柔软，容易延伸，便于机械操作和整形等加工。进一步促进面团的氧化，增强面团的气体保持能力，使发酵过程中产生的气体均匀分布于面团中，使面筋膜薄层化，制品瓤心细密而透明，并且有光泽。

（3）在面团发酵过程中，通过一系列的生物化学变化，积累足够的化学芳香物质，使最终的制品具有优良的风味和芳香。

二、面团发酵的原理

面团发酵是一个十分复杂的微生物学和生物化学变化过程。

1. 酵母在面团中的生长繁殖

如果调粉时所加入的酵母数量远不足面团发酵所需，就不能产生足够的气体，使面团体积膨大疏松。因此，采用二次发酵法时，第一次面团发酵的目的就是使酵母大量繁殖，为第二次面团发酵、最后醒发积累后劲和发酵力。

从面团调制开始，酵母就利用面粉中含有的低糖和低氮化合物迅速繁殖，生成大量新的芽孢。酵母在发酵过程中生长繁殖所需的能量，主要依靠糖分解时所产生的热量。如果面团中缺少可供酵母直接利用的糖类，面团发酵便不能正常进行。因此，在面团中加入少量糖，有助于面团发酵。含糖的面团较无糖的面团发酵快。酵母在发酵、生长和繁殖过程中都需要氮源，以合成本身细胞所需的蛋白质，其来源一是面团中所含有的有机氮，如氨基酸；二是添加无机氮，如各种铵盐。

面团发酵的最适宜温度为 28 ℃，高于 35 ℃或低于 15 ℃都不利于面团发酵。酵母在面团发酵中的繁殖增长率与面团中的含水量有很大的关系。面团加水量多，酵母细胞增殖快，反之则慢。

2. 面团发酵过程中酶的作用和糖的转化

面团发酵，实质上是在各种酶的作用下，将各种双糖和多糖转化成单糖，再经酵母的作用转化成二氧化碳气体和其他发酵物质的过程。酵母在发酵过程中只能利用单糖，可供发酵的单糖有以下来源：

（1）淀粉酶作用于淀粉转化成双糖。

（2）麦芽糖酶作用于麦芽糖转化成单糖。

（3）蔗糖酶作用于蔗糖转化成单糖。

3. 酵母的发酵机理——单糖的代谢途径

面团调制完成后，即进入发酵工序。酵母在发酵过程中主要利用单糖来发酵，产生的二氧化碳气体使面团膨胀。面团发酵过程主要是在面粉中天然存在的各种酶和酵母分泌的各种酶的作用下，将各种糖最终转化成二氧化碳气体使面团膨胀。

在整个面团发酵过程中，酵母代谢是一个很复杂的反应过程。这个过程在多种酶的作用下，首先将葡萄糖转化为丙酮酸，此阶段的发酵作用在有氧或无氧的条件下均可发生。然后，丙酮酸分两个途径继续转化：一是在有氧条件下丙酮酸进入三羧酸循环（即酵母的有氧呼吸）；二是在缺氧条件下进行酒精发酵（即酵母的无氧发酵）。

在面团发酵初期，面团内混入大量空气，氧气十分充足，酵母的生命活动也非常旺盛。这时，酵母进行有氧呼吸，将单糖彻底分解，并释放出热量。呼吸过程的总反应式如下：

$$C_6H_{12}O_6 + 6O_2 \xrightarrow[\text{酵母酶}]{\text{有氧呼吸}} 6CO_2 \uparrow + 6H_2O + 674 \text{大卡}$$

葡萄糖　氧气　　二氧化碳　水　　热量

随着发酵的进行，二氧化碳气体不断积累增多，面团中的氧气不断被消耗，直至有氧呼吸被酒精发酵代替。有氧呼吸过程产生的热量是酵母生长繁殖所需热量的主要来源，也是面团发酵温度上升的主要原因。同时，产生的水分也是发酵后面团变软的主要原因。

酵母的酒精发酵是面团发酵的主要形式。酵母在面团缺氧情况下分解单糖产生二氧化碳、酒精和热量。酵母进行酒精发酵的总反应式如下：

$$C_6H_{12}O_6 \xrightarrow[\text{酵母酶}]{\text{酒精发酵}} 2C_2H_5OH + 2CO_2 \uparrow + 24 \text{大卡}$$

葡萄糖　　酒精　　　二氧化碳　热量

面团发酵过程中，越到发酵后期，酒精发酵进行得越旺盛。从理论上来讲，有氧呼吸和酒精发酵是有严格区别的。事实上，这两个过程往往是同时进行的，只是在不同的发酵阶段所起的作用不同。在面团发酵前期，主要是酵母的有氧呼吸，而在面团发酵后期主要是酵母的酒精发酵。在酒精发酵期间，产生的二氧化碳气体使面团体积膨大，产生的酒精和面团中的有机酸作用形成酯类，给制品带来特有的酒香和酯香，并且积累到一定程度后使醇溶性的麦胶蛋白部分溶化和结构松弛。酒精的这种作用使面筋软化，面筋的网络结构松散，延伸性下降。

4. 面团发酵过程中酸度的变化

面团发酵过程中，酵母发酵的同时也伴随着其他发酵过程，如乳酸发酵、醋酸发酵、酪酸发酵等，使面团酸度增高。

乳酸发酵的反应式如下：

$$C_6H_{12}O_6 \xrightarrow{\text{乳酸菌}} 2CH_3CHOH \cdot COOH + 20 \text{大卡}$$

单糖　　　　　乳酸　　　　　　　热量

醋酸发酵的反应式如下：

$$CH_3CH_2OH + O_2 \xrightarrow{\text{醋酸菌}} CH_2COOH + H_2O + 117 \text{大卡}$$

酒精　　　　　　　醋酸　　　水　热量

酪酸发酵的反应式如下：

$$C_6H_{12}O_6 \xrightarrow{\text{酪酸菌}} CH_3CH_2CH_2COOH + 2CO_2 \uparrow + 2H_2 \uparrow$$

单糖　　　　　酪酸　　　　二氧化碳　氢气

乳酸发酵是面团发酵中经常产生的过程。乳酸的积累使面团酸度增高，与酒精发酵中产生的酒精发生酯化作用，形成酯类芳香物质，改善了发酵制品风味。醋酸发酵会给制品带来刺激性酸味，酪酸发酸给制品带来恶臭味。

面团中乳酸发酵的条件是温度偏高或糖量较高时促使发酵作用比较旺盛，产酸量激增。醋酸发酵亦随之变得比较活泼。前期面团中氧的含量虽高，但酒精生成量较低，醋酸发酵作用较微弱。正常情况下，乳酸与少量醋酸是始终存在的，酪酸发酵则不多见，除非在过度发酵、水分又较多、温度较高、pH 值过低及乳酸含量较高等条件下才会发生，使面团产生恶臭。

发酵作用中会产生其他的有机酸，如糖类生成的琥珀酸、丙酮酸、柠檬酸、苹果酸等。还有由蛋白质水解生成的氨基酸和油脂被脂肪酶水解生成的脂肪酸，发酵生成的二氧化碳气体溶解于面团中产生的碳酸都将使 pH 值发生变化。

除此之外，作为酵母食料和面团改良剂的添加物，也会对 pH 值的变化产生影响。例如，NH_4Cl 中的氨被酵母利用后，产生的盐酸会使 pH 值下降。

$$NH_4Cl \longrightarrow NH_3 + HCl$$
氯化铵　　　氨气 盐酸

面团中加入酵母数量的多少也是影响面团酸度的因素之一，面团酸度随酵母用量的增加而升高。另外，不同发酵方法对面团 pH 值的影响也不同。

面团发酵中的产酸菌主要是嗜温菌，当面团温度在 28 ～ 30 ℃时，它们的产酸量不大。如果在高温下发酵，它们的活性增强，会大大增加面团的酸度。醋酸菌最适宜的温度是 35 ℃，乳酸菌最适宜的温度是 37 ℃。

使用纯净酵母（如鲜酵母、干酵母）发酵的面团，其产酸菌来源于酵母、面粉、乳制品、搅拌机或发酵缸中。面团适度的产酸对发酵制品风味的形成具有良好的作用，但酸度过高则会影响制品风味。因此，对工具的清洗和定期消毒、注意原材料的检查和处理，是防止酵母发酵面团酸度增高的重要措施。

5. 面团发酵中风味物质的形成

面团发酵的目的之一，是通过发酵形成浓郁的芳香风味和物质。在发酵中形成的风味物质大致有四种：①酒精；②有机酸；③酯类；④羰基化合物。

6. 面团发酵过程中蛋白质及面筋结构的变化

面粉的主要功能之一就是能形成一种能够保留由酵母发酵所产生的气体的面团，而面团中气体的保持能力与面团的扩展程度密切相关。

发酵过程中产生的气体积累在面团中形成一定的膨胀压力，使得面筋延伸，面团体积增大。这种作用犹如缓慢的搅拌作用一样，使面筋不断结合和切断，蛋白质分子间不断发生—SH 和—S—S—的转换，最终使面团的物理性质和组织结构发生变化，面筋扩展，面团软化，形成膨松多孔的海绵状结构。

当面团发酵成熟时，面筋网状结构的弹性、韧性和延伸性之间处于最适当的平衡，即面团最佳扩展状态，面团持气性达到最大。如果继续发酵，就会破坏这一平衡，导致面筋蛋白质网状结构断裂，二氧化碳气体逸出，面团发酵过度。

在发酵中，蛋白质受到蛋白酶的作用后水解，使面团软化，增强其延伸性，最终生成的氨基酸既是酵母的营养物质，又是发生美拉德反应的基质。

7. 面团发酵时的产气量和持气性

产气量是指面团发酵过程中产生二氧化碳气体的量。持气性是指面团将发酵过程中产生的气体保持在面团内的能力。气体能保留在面团内部，是由于面团内的面筋经发酵后得到充分扩展，整个面筋网络已成为既有一定韧性又有一定弹性和延伸性的薄膜，其强度足以承受气体膨胀的压力而不会破裂，从而使气体不会逸出而保留在面团内。因此，面团的持气性与面团的扩展程度有关。酵母发酵后产生的二氧化碳气体必须最大限度地保持在面团内才能使面团膨胀和发酵成熟。

要生产出高质量的面包，就必须使面团发酵到最适宜的程度，即在发酵工序中控制面团的产气量和持气性这两种性能都达到最高点。

三、影响面团发酵的因素

在面团发酵过程中，既要有旺盛的酵母产气能力，又要有能够保持气体的能力。这一过程中，有诸多因素影响面团发酵。

（一）温度

温度是影响酵母发酵的重要因素。酵母的活性随温度的升高而增强，面团的产气量增大，发酵速度加快。但如果发酵温度过高，则酵母的发酵耐力变差，面团的持气能力降低，且易引起产酸菌大量繁殖产酸，影响发酵制品质量；如果发酵温度过低，则酵母发酵迟缓，产气量小。因此，实际生产过程中，面团发酵温度应控制在 26 ～ 28 ℃之间，最高不超过 30 ℃。

温度对发酵过程中面团的持气能力也有很大影响。温度过高的面团，在发酵中酵母的产气速度过快，面团持气能力下降。因此，长时间发酵的面团必须在低温下进行。

（二）酵母

酵母对面团发酵的影响主要有两方面：一是酵母的发酵力；二是酵母的用量。

1. 酵母的发酵力

所谓酵母发酵力是指在面团发酵中酵母进行有氧呼吸和酒精发酵产生二氧化碳气体使面团膨胀的能力。酵母发酵力的大小对面团发酵的质量有很大影响。使用发酵力小的酵母发酵会使面团发酵迟缓，面团胀发不足，例如存放过久的鲜酵母、干酵母等。

影响酵母发酵力的主要因素是酵母的活力，活力旺盛的酵母发酵力大，而活力衰减的酵母发酵力小。

2. 酵母的用量

在酵母发酵力相等的条件下，酵母的使用量直接影响面团的发酵速度和发酵程度。增加酵母用量，可以提高面团的发酵速度，缩短发酵时间；反之，则会使面团的发酵速度显著减慢。

酵母用量应根据具体情况灵活掌握，如酵母的质量、酵母发酵力强弱、面团发酵工艺及原料和辅料等，以保证面团正常发酵。一般情况下用面包专用粉制作面包时，即发干酵母的用量为面粉的 1%～ 1.5%。

不同种类的酵母发酵力差别很大，在使用量上有明显不同，它们之间的用量换算关系为鲜酵母：活性干酵母：即发活性干酵母 =1 ： 0.5 ： 0.3。

（三）pH 值

面团 pH 值不仅与酵母的产气能力有关，而且与面团持气性和面包体积同样有密切关系。酵母适宜在偏酸性的条件下生长，最佳 pH 值范围是 5 ～ 6 之间，在此条件下酵母有良好的产气能力，面团也有良好的持气能力。当 pH 值过低时，面团的持气性降低。

面团发酵过程中引起酸度升高的主要原因是产酸菌、温度等因素。在实际生产中做好生产设备用具的清洁、原材料的检查，并严格控制面团发酵温度是防止面团酸度过高的重要措施。

（四）面粉

就面粉品质而言，首先是面粉中淀粉酶的活性对面团发酵的影响较大。淀粉在淀粉酶的作用下，不断地将淀粉分解成单糖供酵母利用。其次，面粉筋度的强弱对发酵也有较大影响，使用弱筋度的面粉，在发酵时不能保持大量气体，容易造成面团塌陷。面粉对发酵的影响主要是面筋和淀粉酶的作用。

1. 面筋

发酵面团有保持气体的能力，是因为其有既有弹性又有延伸性的面筋。当面团发酵产生的气体在面团中形成膨胀压力时，就会使面筋延伸。面筋的弹性、韧性使其具有抵抗膨压，阻止面筋延伸和气体透出的能力。如果面粉的筋力弱，抵抗膨压的能力就小，面筋就容易被拉伸，保持气体的能力弱，其结果是面团易塌陷，组织结构不好，制成品体积小。用筋度较强的面粉调制的面团，含水量较大，柔软且弹性好，能保持大量的气体，使面团能长时间承受气体的压力，并最终膨胀成海绵状的结构，因此面包类产品应选用高筋面粉。

2. 淀粉酶

酵母在面团发酵过程中仅能利用单糖，而面粉本身的单糖含量很少。这就要求面粉中的淀粉酶不断水解淀粉，使之转化成可溶性糖供酵母利用，以加速面团发酵。淀粉酶的活力大小对面团发酵有很大的影响。淀粉酶活性大，面粉的糖化能力就强，可供酵母利用的糖分就多，产气能力大；如果使用已变质或经过高温处理的面粉，其淀粉酶活性受到抑制，面粉糖化能力降低，面团发酵受到影响，产气能力减弱，生产出的面包体积小，颜色差。因此，这种面粉需通过添加淀粉酶来促进淀粉糖化，加快正常发酵，并为面包在烘焙阶段着色的美拉德反应和焦糖化反应提供物质基础。

（五）渗透压

面团发酵过程中，影响酵母活性的渗透压主要是由糖和盐引起的。酵母细胞外围有一层半透性的细胞膜，外界浓度过高会直接影响酵母活性，抑制酵母发酵。高浓度的糖和盐产生的渗透压很大，可使酵母体内原生质渗出细胞，造成质壁分离而无法生长。

糖使用量为5%～7%时产气能力大，超过这个范围，糖的用量越多，发酵能力越受抑制，但产气的持续时间增长，此时要注意添加氮源和无机盐。糖使用量在20%以内可增强面团持气能力，在20%以上则会使面团的持气能力下降。

食盐可增强面筋筋力，使面团的稳定性增强，但是食盐会抑制酶的活性，添加食盐量越多，酵母产气能力越受抑制。食盐用量超过1%时，对酵母活性具有抑制作用。因此，在设计面包配方时，糖和食盐的用量必须成反比。

（六）加水量

一般地说，加水量越大，面团越软，面筋易发生水化作用，容易被延伸，所以发酵时易被二氧化碳气体所膨胀，面团发酵速度快，但保持气体能力差，气体易散失。硬面团则相反，具有较强的持气性，但对面团发酵速度有所抑制。所以最适宜的加水量是确保最佳持气能力的一个重要条件。调制面团时，应根据面团的用途具体掌握，调节好软硬度。

（七）其他因素

1. 乳粉和蛋品

乳粉和蛋品均含有高蛋白质，对面团发酵具有 pH 值缓冲作用，有利于发酵的稳定。同时，它们均能提高面团的发酵耐力和持气性。

2. 面团搅拌

面团搅拌的状况对发酵时的持气能力影响很大，特别是快速发酵法要求面团搅拌必须充分，才能提高面团的持气性。而长时间发酵如二次发酵法，即使在搅拌时没有达到完成阶段，在发酵过程中面团也能膨胀，形成持气能力。

3. 酒精浓度

酵母耐酒精的能力很强，但随着发酵的进行，酒精的浓度越来越大时，酵母的生长和发酵作用便逐渐减弱至停止。面团发酵后可消耗 4%～6% 的蔗糖，产生 2%～3% 的酒精。

四、面团发酵工艺

1. 发酵的温度及湿度

一般理想的发酵温度是 28 ℃，相对湿度是 75%。

温度过低，因酵母活性较弱，发酵速度减慢，延长了发酵所需时间；温度过高，则发酵速度过快，易引起其他不良影响。

湿度小于 70% 时，面团表面由于水分蒸发过多而结皮，不但影响发酵，而且导致成品质量不均匀。适宜的相对湿度，应等于或高于面团的实际含水量，即面粉本身的含水量（14%）加上搅拌时加入的水量（60%）。

面团发酵后，温度会升高，大约每发酵 1 小时，面团温度升高 1.1 ℃。因此，不同发酵方法要求面团的起始温度有所不同。

2. 发酵时间

面团发酵的时间不能一概而论，要根据所用的原料性质、酵母用量、糖用量、搅拌情况、发酵温度及湿度、产品种类、制作工艺（手工或机械）等因素来确定。

在正常环境条件下，鲜酵母用量为3%（即发干酵母用量为1%）的中种面团，经3～4 h即可完成发酵。或者观察面团的体积，当发酵至原来体积的4～5倍时即可认为发酵完成。

3. 翻面

翻面是指面团发酵到一定时间后，用手拍击发酵中的面团，或将四周面团提向中间，使一部分二氧化碳气体放出，缩小面团体积。翻面这道工序只有一次发酵法需要。

4. 面团发酵成熟度的判断

发酵适度的面团称为成熟面团，未成熟的面团称为嫩面团，发酵过度的面团称为老面团。

面团发酵成熟度对面包品质影响很大。用成熟适度的面团制作出来的面包，体积大，皮薄有光泽，内部组织均匀，蜂窝壁薄，呈半透明，有酒香和酯香味，口感松软，富有弹性；用成熟度不足的嫩面团制作出来的面包，体积小，皮色深，组织粗糙，香味淡薄；用成熟过度的面团制作出来的面包，皮色浅，有皱纹，无光泽，蜂窝壁薄，有大气孔，有酸味和不正常的气味。

因此，准确判断面团的适宜成熟度，是发酵面团过程中的重要环节。判断面团成熟度的方法很多，常用的方法有回落法、手触法、拉丝法、表面气孔法、嗅觉法和pH值法。

第四节　整形

把发酵好的面团做成一定形状面包坯的过程叫作整形。整形包括分割、搓圆、中间醒发、造型、装盘与装模等工序。

一个品质良好的面包，除了要以适当的搅拌及发酵为基本条件，美观的外形也是必要的。整形过程中，不仅在造型上要力求精致美观，而且还要做到快速、仔细。因为面团完成了基本发酵，其发酵作用并未停止，还在继续进行，不会因整形而减缓，反而会有所加快。为了使每个面包坯在整形步骤中的发酵程度一致，彼此间性质的差异减至最低，整形过程的每个动作都应在最短时间内完成，才能有效地控制面包品质。如果操作时间过长，面团发酵过度导致面团老化，就会影响面团性质，严重时面包的品质受损，使做出来的面包前后品质差异很大。因此，时间控制是面团整形操作过程中最重要的工作。

一、分割

分割是通过称量把大面团分切成所需重量的小面团的过程。面团分割重量应是成品重量的110%。

分割有手工分割和机械分割两种。手工分割是将大面团搓成（或切成）适当大小的条状，再按重量分切成小面团。手工分割与机械分割相比不易损伤面筋，尤其是筋力弱的面粉，用手工分割比机械分割更适宜。

机械分割是按照体积来分切使面团变成一定重量的小面团，不是直接称量分割得到的。

二、搓圆

搓圆又称滚圆，是把分割得到的一定重量的面团，通过手工或特殊的机器（搓圆机）搓成圆形。分割后的面团不能立即进行造型，要进行搓圆，其作用有以下几个方面：

（1）使分割后不整齐的小面块变成完整的球形，为下一步的造型工序打好基础。

（2）分割后的面团，受切割处的黏性较大，经搓圆形成的完整光滑表皮将切口覆盖，有利于造型操作的顺利进行。

（3）恢复被分割破坏的面筋网状结构。

（4）排出部分二氧化碳气体，便于酵母的繁殖和发酵。

搓圆分为手工搓圆和机械搓圆。手工搓圆的要领是用五指握住面团，用掌根向前推，然后四指并拢，指尖向内弯曲，轻微地向左右移动(左手向左，右手向右)，使手掌内的面团稍有转动。重复前面的动作，使面团自然滚成圆球状，当面团变得光滑而结实后停止。面团内部会因此丧失少许气体，面团体积缩小。

三、中间醒发

中间醒发亦称静置。面团搓圆后，一部分气体被排出，面团变得结实，失去原有的柔软性。此时的面团不易进行造型，表皮易被拉裂，必须给予一定时间的静置，使面团恢复柔软，才利于进行各项整形步骤。中间醒发虽然时间短，但对提高面包质量具有不可忽略的作用。中间醒发的作用有以下几个方面：

（1）使搓圆后的紧张面团，经中间醒发后得到松弛缓和，以利于后面工序的操作。

（2）使酵母继续产气，调整面筋的延伸方向，让其定向延伸，增加面团持气性。

（3）使面团的表面光滑，易于成型操作。

在标准的面包工厂里，中间醒发一般在中间醒发箱中进行。中间醒发箱与面包搓圆机相连接，联合工作。通过调节控制中间醒发箱的温度和湿度，使面团不受外界环境影响及限制，得到充分松弛。生产量较小的面包厂或面包层大都没有中间醒发设备，可利用最后醒发室，或将面团置于案台上，表面覆盖塑料布，避免面包坯表面结皮。

中间醒发的温度以 27 ～ 29 ℃为宜，相对湿度为 70% ～ 75%，时间为10 ～ 20 min。温度过高会促使面团发酵过快，使得造型操作措手不及，面团发酵过度，迅速老化，持气性下降；温度过低则醒发迟缓，延长中间醒发时间。若湿度过高，则会使面团表皮潮湿发黏，造型操作困难，过多地撒干面粉防黏，则会影响成品的外观；湿度过低，面包坯表面易结成硬壳，使面包造型粗糙，组织不均匀。中间醒发后的面包坯体积相当于中间醒发前体积的 0.7 ～ 1 倍时为适宜。如果膨胀不足，面包坯韧性增强，成型时不易延伸；膨胀过度，成型时排气困难，压力过大，易产生撕裂现象。

四、造型

造型即成型。面团经过中间醒发后，原本因搓圆变得结实的面团，体积又慢慢恢复膨大，质地也逐渐柔软，这时即可进行面包的造型操作。

面包成型可分为直接成型和间接成型，操作动作有滚、搓、包、捏、压、挤、擀、摔、拉、折叠、卷、切、割、扭转等，每个动作都有独特的作用，可视造型需要相互配合。

1. 滚圆

主要目的是使面团中的气泡消失，面团富有光泽，内部均匀，形状完整，表面光滑。

2. 包捏

将面团轻轻压紧，底部朝上，将馅料放在中间，用拇指与食指拉取周围面团包住馅料。

3. 挤压

将中间醒发完成的面团底部朝上，四指并拢轻轻将面团压扁（主要配合包馅料的要求）。

滚圆　　　　包捏　　　　挤压

4. 摔打

手抓住面团用力地摔在案台上面，但手依然抓住面团，不松开。

5. 拍打

四指并拢在面团上轻轻拍打，这个动作是为了使面团中的气体消失。

6. 卷压

四指并拢，以半卷半挤的方式，将面团做成棒形或者橄榄形。

摔打

拍打

卷压

7. 擀平

手持擀面棍将面团擀平或擀薄。

8. 折叠

将擀平或擀薄的面团折叠起来，使烤好的面包呈现若干形式（大多用于丹麦面包）。

9. 卷挤

将擀薄的面团从头到尾用手滚动，由小到大卷成圆状。

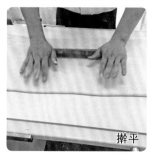
擀平

折叠

卷挤

10. 割

在面团表面划上裂口且不切断面团。

11. 搓条

运用手掌的压力以前后搓动的方式让面团变成细长形。

12. 摧压

以手掌的拇指球部位大力捶打正在成型中的面团，将面团中的气体排出，使成型好的面包接口黏合得更为结实，增加面团的发酵张力和烘烤弹性。

割

搓条

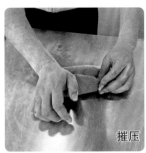
搋压

13. 编制

双手抓住面团的两端，朝反方向扭转使面包造型更富于变化。

14. 切

切断面团做出各种形状。

编制

切

五、装盘与装模

面团经过造型之后，花样和雏形都已固定，即可将已成型的面团放入烤盘和模具中，准备进入醒发室醒发。

面团装盘或装模时，对烤皿要先进行清洁、涂油、预冷等预处理，还要考虑面团的摆放距离及数量、装模面团的重量与大小等。

装盘与装模是将面团放入烤盘或模具中的一个过程。面团装盘或装模后，还要经过最后醒发，因面团的体积会再度膨胀，为防止面团彼此粘连，所以装盘时必须注意适当的间隔距离和排放方式，装模的面团要注意面团的重量和模具容积的关系。

面团装盘时其间距要合理，摆放要均匀，四周靠边沿部位应留出边距 3 cm。如果间距太大，烤盘裸露面积多，烘烤时面包上色快，容易烤煳；如果间距太小，胀发后面包坯易粘连在一块，造成面包变形，着色慢，不易熟。

另外，还需要注意的是，不同性质或不同重量与大小的面团，不能放在同一个烤盘内烘烤，因为它们对烘焙的炉温及时间要求可能不同。

　　烤模的容积和面团的重量与大小必须匹配。如果烤模体积太大，面团重量轻，会使面包成品内部组织不均匀，颗粒粗糙；烤模体积太小，则影响面团体积膨胀和表皮颜色，并且顶部胀裂得太厉害，容易变形。

　　通常用烤模的容积（mL）比面团的重量（g）得到的烤模比容积来确定烤模与面团重量的关系。由于面团的种类繁多，性质要求不同，采用的数据也不尽相同。如不带盖的吐司面包（Over-Top Bread），比容积为 3.35 ～ 3.47（cm^3/g），即每 50 g 面团需要 167.5 ～ 173.5 cm^3 的容积。方包（带盖的吐司面包 Pullman Bread）如果组织要细密些，则比容积应为 3.47；如果要颗粒粗大些，则比容积为 4.06。

　　面包的常用烤模多为长方体，又称面包盒、面包听、吐司模等。面包盒容积的近似计算公式如下：

$$面包盒容积 = \frac{〔（底长 \times 底宽）+（顶长 \times 顶宽）〕\times 1/2 \times 高}{0.87}$$

　　面团装模时的放置方法很多，如主食面包的装模方法可分为纵式装模法、横式装模法、麻花扭式装模法、螺旋式装模法、U式装模法和W式装模法等（见下图）。不同的装模方法，可使烤出来的面包呈现不同的组织状态和纹理结构。

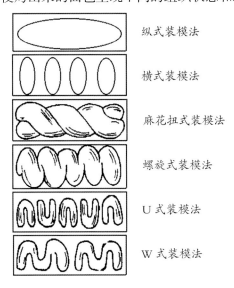

纵式装模法

横式装模法

麻花扭式装模法

螺旋式装模法

U式装模法

W式装模法

　　面团装模时还需注意，必须将面团的卷缝处朝下，并应偏向发酵后面卷膨胀方向的相反方向一侧，以使发酵后的面团封口处在下方中央部位，避免面团在最后醒发和烘焙过程中裂开。

第五节　醒发

醒发也称最后醒发，是指把成型后的面包坯再经最后一次发酵，使其达到应有的体积与形状。

一、醒发的目的

面团从搅拌开始，发酵作用也随之产生，面团虽然完成了基本发酵，但在面团整形时发酵作用仍在继续。面团经过一连串的整形过程后，虽然已被做成各种花样，但因面团在整形过程中不断受到切、滚、挤、压等动作的作用，面团内部因发酵所产生的气体大部分被挤出，面筋失去原有的柔软性而显得硬、脆，因此做好花样的面包坯，样式虽美，但内部结构紧实，体积小。若将刚整形好的面包坯立即烘烤，不但面包膨胀差、体积小，而且烤好的面包不够柔软，内部组织粗糙，颗粒紧密，表皮容易形成硬壳，失去面包应有的特性与价值。

最后醒发的目的就是使整形后处于紧张状态的面团得到松弛，使面筋进一步结合，增强其延伸性，以利于体积的充分膨胀；使酵母再经过最后一次发酵，进一步积累发酵产物，面包坯膨胀到所要求的体积；改善面包的内部结构，使其疏松多孔。

二、醒发条件及对面包品质的影响

醒发对面包品质影响很大，即使是一个小的疏忽，也会造成无法弥补的损失。醒发通常在醒发室内进行。醒发阶段最重要的是控制好醒发的时间及醒发室的温度、湿度。

1. 温度

最后醒发的温度范围为35～43 ℃，一般控制在35～39 ℃之间，不超过40 ℃。欧式面包、奶油面卷、起酥点心面包等含油较多的面包品种，醒发时温度控制在23～32 ℃。

温度过高，面团内外的发酵速度不同，会导致面包组织不均匀，同时过高的温度会使面团表皮的水分蒸发过多、过快，造成表面结皮，影响面包的质量。对起酥类面包，当温度高于油脂熔点时，易使油脂熔化，面包体积缩小。

温度过低，面团发酵迟缓，易造成面团内部发酵不良，需要醒发的时间长。只有当醒发温度适宜时，面包成品才能达到体积最大、外观式样正常、内部组织均匀的要求。

实际生产中，醒发温度的选择，还应考虑各种相关因素，如面粉筋力、配方组成、油脂的种类、发酵程度、搅拌程度、整形处理、产品种类等，从面包品质来说，醒发温度以 35 ～ 43 ℃为宜。

2. 湿度

最后醒发的相对湿度为 80% ～ 90%，以 85% 为宜，不宜低于 75%。

醒发湿度对面包的体积、组织、颗粒状态影响不大，但对面包形状、外观及表皮等影响较大。相对湿度过低，面团表面水分蒸发过快，容易干燥结皮，使表皮失去弹性，影响面包入炉烘焙时的膨胀，且在顶部形成一层盖。同时，表皮太干，会抑制淀粉酶的作用，减少糖量及糊精的生成，导致面包表皮颜色浅，欠光泽，表面有斑点。另外，低湿度的醒发时间比高湿度的长，醒发损耗及烘焙损耗大。

高湿度醒发有助于面包烘焙时产生均匀良好的色泽，且醒发损耗较小，醒发较快。但相对湿度过大时，会在面包坯表面结成水滴，使成品面包的表面有气泡或白点。

3. 时间

最后醒发时间是醒发阶段需要控制的第三个重要因素，其长短依照醒发室温度、湿度及其他有关因素（如产品种类、发酵程度、面粉筋力、烘焙炉温等）来确定，一般掌握在 55 ～ 65 min。

醒发时间不足，烤出的面包体积小，内部组织结构紧密，表皮硬而颜色深。

醒发时间过长，面包坯膨胀过大，使面包内部组织不良，颗粒粗糙。长时间醒发会消耗面团内大量的糖，减少面团内的糖含量，使烘焙出的面包皮色浅，面包酸味过重。当面团膨胀超过面筋的延伸程度时还会引起塌陷，或产生烘焙时炉内收缩现象。

三、醒发程度的判断

面团的醒发程度主要根据经验来判别，常用的有以下三种方法。

（1）以成品体积为标准，观察生坯膨胀体积。

可根据日常生产中积累的经验，预先设定面包的标准体积或高度，观察面团体积膨胀到面团成品体积的80%时，即可停止醒发（其余的20%在烤炉内膨胀）。如果面包坯的烘焙弹性较好，只需要达到60%～75%就可以取出烘焙；而烘焙弹性差的面包坯要醒发到85%～90%才算适度。

（2）以面包坯整形体积为标准，观察生坯膨胀倍数。

如果烘焙后面包体积不能预先确定，可以整形时的体积为标准。当生坯的膨胀度达到原来体积的3～4倍时，即可认为是理想程度。

（3）以观察透明度和触感为标准。

前两种方法都是以量为衡量标准，这一种则是以质为标准的检验方法。当面包坯随着醒发体积的增大，也向四周扩展，由不透明"发死"状态膨胀到柔软、膜薄的半透明状态，触摸时有越来越轻的感觉，用手指轻轻按压面包坯，被压扁的表面保持压痕，指印不回弹、不下落，即可结束醒发。如果手指按压后，面包坯破裂、塌陷，即表明醒发过度；如果按下后的指印很快弹回，即表明醒发不足。

四、影响醒发程度的因素

1. 面粉的筋度

面筋含量多、筋力强的面粉，面团韧性强，如果醒发不充分，入炉后膨胀不起来，对这样的面团，醒发要充分一些；面筋含量少、筋力弱的面粉，面团的延伸性、韧性和弹性都差些，入炉后容易膨胀和破裂，对这样的面团，醒发程度要轻些。

2. 面团的发酵程度

在发酵时成熟度不足的面团，入炉后膨胀得不好，需要适当增加醒发程度来补救；反之，发酵成熟过度的面团，面筋脆弱易断，醒发程度应轻些。

3. 炉温及炉的结构

一般来说，炉温低，入炉后面包膨胀得大；炉温高，入炉后面包膨胀得小。因此，前者醒发程度宜轻些，后者醒发程度宜重些。

对于炉顶部辐射热强的烤炉，面包坯入炉后立即受到高温烘焙，膨胀受到限制，使用这样的烤炉，醒发程度要充分些。而对于前部没有高温部位的烤炉，或者对流充分的烤炉，能让面包坯在炉内充分膨胀，醒发程度要轻些。

4. 面包类型

面包有装模面包和装盘面包、夹馅面包和无馅面包、主食面包和点心面包等不同类型，因其工艺不同，对醒发程度的要求也有差异。

五、面团醒发时的注意事项

（1）对无温度、湿度自控设备的醒发室，就需要人为控制。温度可根据室内温度计控制，湿度主要依靠观察面团表面干湿程度来调节。正常的湿度应该是面团表面潮湿、不干皮状态。如果温度、湿度过大或过小，可随时开启或关停电水器来调节。

（2）往醒发室送盘时，应先平行从上而下入架，以便先入、先烤、先出。醒发室主要依靠蒸汽来供热，因此室内上部温度高，发酵快，而下部温度低，发酵慢。同时，应根据醒发进度及时进行上下倒盘，使其醒发均匀，配合烘焙。如果面包坯已发酵成熟，但不能入炉烘焙时，可将面团移至温度较低的架子底层或移出醒发室，防止醒发过度。

（3）如果使用烤箱，应凑满一炉后再进醒发室，以便同时烘焙节省能源。醒发过程中，应尽量避免频繁开启醒发室的门，以利于保温、保湿。

（4）从醒发室往外取出烤盘时，必须轻拿轻放，不得振动和冲撞，防止面团跑气塌陷。

（5）如果醒发室相对湿度过大，室顶水珠较多，会直接滴到面团上。醒发适度的面团表皮很薄，很弱，滴上水珠后会很快破裂，跑气塌陷，而且烘烤时极不易着色。因此，要特别注意控制醒发室的湿度。

第六节　烘焙

烘焙即烘烤、焙烤，是面包成为成品的最后一道工序，也是关键的一道工序。

在烤炉内热的作用下，生的面团变成松软、多孔，易于消化和味道芳香的诱人可口的食品。

整个烘焙过程中，包括了许多复杂作用。在这个过程中，直至醒发阶段仍在不断进行的生物活动被终止，微生物及酶被破坏，不稳定的胶体变成凝固物体，淀粉、蛋白质的性质也由于高温而发生凝固变性。与此同时，焦糖、焦糊精、类黑色素及其他使面包产生特有香味的化合物如羰基化合物等物质生成。所以，面包的烘焙是综合了物理、生物化学、微生物学等反应的变化结果。

一、烘焙原理

制品由生变熟，需将热源产生的热能传递给生坯才能完成。烘焙过程中由热源将热量传递给面包的方式有传导、对流和辐射三种。这三种传热方式在烘焙过程中是同时进行的，只是在不同的烤炉中主次不一样而已。

1. 传导

传导是指热量从温度较高的部分传递给温度较低的部分，或从温度较高的物体传递至与之接触的温度较低的物体的过程，直到能量达到平衡为止。即热源产生的热能通过烤盘、模具传给面包底部或两侧、四周。在面包内部，表皮受热后的热量是通过一个质点传给另一个质点的方式进行的。传导是面包受热的主要形式。

传导方式传递能量比较缓慢，因为面包原料一般都属于热的不良导体，所以面包成熟需要一定的时间，尤其是形体越大、表面积越小的面点制品，需要加热的时间也就越长。

2. 对流

对流是指流体各部分之间发生相对位移时所引起的热量传递过程。对流仅发生在流体中，如液体、气体，而且必然伴随有热的传导现象。具体来说，气体或液体分子受热后膨胀，能量较高的分子流动到能量较低的分子处，同时把能量传递给生坯，直到温度达到平衡为止。在烤炉中，热蒸汽混合物与面包坯表面的空气发生对流，使面包吸收部分热量。没有吹风装置的烤炉，仅依靠自然对流所起的作用是较小的。目前，有不少烤炉内置吹风装置，强制对流，对烘焙起到重要作用。

3. 辐射

物体以电磁波方式向外传递能量的过程称为辐射，被传递的能量称为辐射能，通常亦把"辐射"这个术语用来表示辐射能本身，因为热而产生的电磁波辐射称为热辐射。

任何物体在任何温度下都能进行热辐射，它们的差别只是辐射能量大小的不同而已。研究表明，物体的热辐射能力与物体的温度、波长有关。在波长一定的情况下，温度愈高，辐射能力越大。研究还发现，位于红外线波段的热辐射能力最强，其次是位于其两边的可见光和微波。目前，广泛使用的远红外线烤炉以及微波炉就是利用辐射加热制品的。

二、面包在烘焙过程中的变化

1. 体积变化

体积是面包最重要的质量指标。面包坯入炉后，面团醒发时积累的二氧化碳气体和入炉后酵母最后发酵产生的二氧化碳气体及水蒸气、酒精等受热膨胀，产生蒸汽压，使面包体积迅速增大，这个作用称为烘焙急胀或烘焙弹性。

烘焙急胀大约发生在面包坯入炉后的 5～6 min 内，即入炉初期的面包起发膨胀阶段。因此，面包坯入炉后，应控制上火，即上火不要太大，应适当提高底火温度，促进面包坯的起发膨胀。如果上火过大，就会使面包坯过早定型，限制面包体积的增长，还会使面包表面开裂、粗糙、表皮厚，有硬壳，体积小。

将面包坯放入烤炉后，面包的体积便有显著的增长，随着温度的升高，面包体积的增长速度减慢，最后停止增长。面包在烘焙中的体积变化可分为两个阶段：第一个是体积增大阶段，第二个是定型阶段。在第二个阶段中，面包体积不再增长，显然是受面包皮的形成和面包瓤加厚的限制。当面包皮形成以后，开始丧失延伸性，透气性降低，形成了面包体积增长的阻力，而且蛋白质凝固和淀粉糊化构成的面包瓤的加厚，也限制了里边面包瓤层的增长。

烘焙开始时，如果温度过高，面包体积的增长很快停止，就会造成面包体积小或表面开裂。如果炉温过低而过多地延长了体积变化的时间，将会引起面包外形的凹陷或面包底部的粘连。

面包的重量越大，单位体积越小。装模的听型面包比装盘的非听型面包的体积增长值要大些。

烤炉内的湿度对面包体积也有显著影响。湿度大，面包皮形成慢，厚度小，面包的高度和体积都有所增加。此外，影响面包体积变化的还有面团产气能力、面团稠度等。

2. 微生物学变化

面包坯入炉后的 5～6 min 内，随着温度的不断升高，酵母的生命活动更加旺盛，进行着强烈的发酵作用并产生二氧化碳气体。当面包坯内温度达到 35～40 ℃

时，发酵活动达到高潮，45 ℃时其产气能力下降，50 ℃以上酵母发酵活动停止并开始死亡。酵母在面包坯入炉后 5 ～ 6 min 之内的强烈发酵活动，是面包入炉后产生烘焙急胀的主要原因。

3. 生物化学变化和胶体化学变化

面包在烘焙过程中发生着多种生物化学变化和胶体化学变化，如淀粉糊化，面筋凝固，淀粉、蛋白质水解等。

4. 褐变和香气的形成

面包在烘焙过程中颜色的变化是非常明显的，随着温度的升高，可以发生从白色到浅黄色、黄色、金色、棕黄色至红褐色等一系列的变化，这种在烘焙中形成的颜色称为褐变。面包在烘焙中的褐变是美拉德反应和焦糖化反应引起的。

在烘焙过程中，随着糖与氨基酸产生褐变使面包具有漂亮颜色的同时，还产生了诱人的香味。这种香味是由各种羰基化合物形成的，其中醛类起着重要作用。美拉德反应中产生的醛类，包括糠醛、羟甲基糠醛、丙酮醛及异丁醛等。此外，赋予面包香味的还有醇类和其他成分。一定程度的焦糖化反应也将产生焦香味。这些香味成分在面包皮中远比瓤中要多。随着烘焙时间延长，着色加深，这些着色和香味成分的积累量也越多，面包的风味也越好。

5. 温度变化及面包皮的形成

面包皮的形成是面包烘焙最重要的方面之一。面包皮提供了最终面包大部分的强度以及风味成分的很大部分。

在烘焙中，从热源发出的热量依靠传导、对流、辐射三种方式传递，其中以传导、辐射为主要形式。生坯受热内部各层温度发生剧烈变化，在高温下，随着制品表面和底部强烈受热，水分迅速蒸发，温度很快升高。当表面水分蒸发殆尽时，表皮温度才能达到并超过 100 ℃。由于制品表面水分向外蒸发很快，制品内部水分向外转移速度小于外层水分蒸发速度，这就形成了一个蒸发层（或称蒸发区域）。随着烘焙的进行，这个蒸发层逐渐向内转移，最后形成了一层干燥无水的表皮。蒸发层的温度始终保持 100 ℃，它外面（即表皮）的温度可以超过 100 ℃，里面的温度接近 100 ℃，而且越靠近制品中心温度越低。一般认为烘焙结束时面包的中心温度为 95 ℃，这对整个面包结构保持足够的强度是必要的。

对于起酥制品，由于制品起无数酥层，不形成明显蒸发层或表皮，内部水分沿酥层边缘向外迅速蒸发，温度升高也快，因此起酥制品失水多、干耗大。

6. 水分变化和面包表皮光泽与脆性

在烘焙过程中，面包中的水分既以气态方式与炉内热蒸汽发生对流热交换，也以液态方式向制品中心转移。至烘焙结束时，原来水分均匀的面包生坯成为水分含量不均的面包成品。

烘焙的最初几秒对面包光亮表皮的形成至关重要。面团进入烤炉后其表面暴露在高热辐射下，有时是强对流，因而温度上升很快。为了得到光泽，表面应有蒸汽冷凝，以形成淀粉糊。淀粉糊会糊化生成糊精，最后焦糖化，形成颜色和光泽。实验证明，面包皮上的淀粉可按不同方式糊化。如果水分过多，则形成糊状凝胶；如果得不到足够的水分，则形成碎屑状凝胶。

形成光泽表皮的必要条件：一是面团不能醒发过度，如果在离开醒发室前面团已达到最大体积，则不能形成令人满意的光泽；二是在任何可能形成碎屑状凝胶前，应先形成糊状凝胶；三是面包坯入炉后，表面的蒸汽冷凝过程时间要充足。

烘焙中湿度的模式除影响光泽度外，还影响另一个重要的表皮质量指标——脆性。有的面包需要光滑而有弹性的表皮，在切片时不会掉渣；但有的面包皮厚易碎，冷却后形成龟裂花纹。面包皮的脆性表现主要取决于淀粉糊层的厚度，糊层越厚，冷却时越会出现裂纹。这就意味着，当需要柔韧而有光泽的表皮时，必须使形成光泽的条件保持最短的时间，烘焙条件相对干燥。相反，如欧式面包，要形成硬脆的表皮，烘焙时需通蒸汽，以增加烤炉内的湿度。

7. 面包结构变化

面包组织是面包感官质量评分的最重要指标之一。面包在烘焙中形成蜂窝状组织结构。面包内部组织的气孔特性及形状，可通过切开面包片来观察。理想的面包组织蜂窝结构应当是蜂窝壁薄，孔小而均匀，气孔呈圆形稍长，手感柔软而平滑。

影响面包蜂窝结构的因素很多，如面粉品质、发酵程度、搅拌程度、整形时间、面包模大小、最后醒发等。在烘焙期间，则是以炉温的影响为主。

在烘焙中，面包蜂窝组织的最初形成是由面包坯中的小气泡开始的。与面包坯的重量相比，烤模容积越小，烤出的面包蜂窝组织结构越均匀。

炉温高低对面包蜂窝的形成起着重要作用。炉温过高，面包坯入炉后很快形成硬壳，限制了面包内部蜂窝的膨胀，而面包内部产生的过大热膨胀压力，还可能造成蜂窝破裂，聚结形成厚薄不均、粗糙和不规则的面包瓤结构。因此，适当的炉温对面包气孔的形成至关重要。

三、面包烘焙工艺

1. 面包的烘焙过程

面包的烘焙过程大致可分为以下三个阶段：

（1）烘焙急胀阶段（烘焙初期阶段）。

对于制作销售最普遍的 100 ～ 150 g 面包，这个阶段大约在入炉后的 5 ～ 6 min 之内，面包坯体积由于烘焙急胀作用而急速变大。此阶段下火高于上火，有利于面包体积最大限度的膨胀。

（2）面包定型阶段（烘焙中间阶段）。

此时面包内部温度达到 60 ～ 82 ℃，酵母活动停止，面筋已膨胀至弹性极限，受热变性凝固，淀粉糊化填充在已凝固的面筋网络组织内，基本上已形成面包成品的体积。此阶段提高温度有利于面包定型。

（3）表皮颜色形成阶段（烘焙最后阶段）。

这个阶段的主要作用是使面包表皮着色和增加香气。此时的面包已经定型并基本成熟，由于褐变反应，面包表皮颜色逐渐加深，最后呈棕黄色。此阶段应上火高于下火，有助于面包上色，又可避免因下火过高造成面包底部焦煳。

2. 烘焙条件及影响

（1）火型和炉温的调节。

火型和炉温的调节主要是通过烤炉上下火来控制。可根据需要发挥烤炉各部位的作用。下火亦称底火，对制品的传热方式主要是传导，通过烤盘将热量传递给制品，下火适当与否对制品的体积和质量有很大影响。下火有向上鼓动的作用，且热量传递快而强，所以下火主要决定制品的膨胀或松发程度。下火不易调节，过大易造成制品底部焦煳，不松发；过小易使制品塌陷，成熟缓慢，质量欠佳。

上火亦称面火，主要通过辐射和对流传递热量，对制品起到定型、上色的作用。烘焙中若上火过大，易使制品过早定型，影响底火的向上鼓动作用，导致坯体膨胀不够，且易造成制品表面上色过快，使制品外焦内生；上火过小，易使制品上色缓慢，烘烤时间延长，制品水分损失大，变得过于干硬、粗糙。

（2）炉温的影响。

一般面包烘烤温度在 190 ～ 230 ℃ 范围内。

若炉温过高，面包表皮形成过早，会减弱烘焙急胀作用，限制面团的膨胀，使面包成品体积小，内部组织有大孔洞，颗粒太小。尤其是高成分面包，内部及四周尚未完全成熟，但表面颜色已太深。当以表皮颜色为出炉标准时，则面包内部发黏，未成熟，也无味道；当面包芯完全成熟时，表皮已成焦黑色。同时，炉温过高，容易使表皮产生气泡。

若炉温过低，酶的作用时间增大，面筋凝固也随之推迟，而烘焙急胀作用则加强，使面包成品体积超过正常情况，内部组织则粗糙，颗粒大。炉温低必然要延长烘烤时间，使得表皮干燥时间太长，面包皮太厚，且因温度不足，表皮无法充分褐变而颜色较浅。同时，水分蒸发过多，挥发性物质挥发也多，导致面包重量减轻，增加烘焙损耗。

（3）湿度。

炉内湿度由烤制品水分蒸发而形成。炉内湿度大，制品上色好，有光泽；炉内过于干燥，制品上色差、无光泽、粗糙。炉内湿度受炉温、炉门封闭情况和炉内烤制品数量的影响。此外，气候、季节和工作间门窗的开关等也会有一定的影响。有条件的可选择有自动加湿装置的烘烤炉。正常情况下，满炉烘烤，由生坯水分蒸发产生的水汽即可达到制品对炉内湿度的要求。烘烤过程中不要经常开启炉门，烤炉上的排烟孔、排气孔可适当关闭，防止炉内水蒸气散失。

炉内湿度的选择，与产品类型、品种有关。一般软式面包即使不通蒸汽，其湿度也已适宜；而硬式面包的烘焙，则必须通入蒸汽6～12 s，以保持较大的湿度。

湿度过小，面包表皮结皮太快，容易使面包表皮与内层分离，形成一层空壳，皮色淡而无光泽；湿度过大，炉内蒸汽过多，面团表皮容易结露，使产品表皮厚，易起泡。

（4）时间。

烘焙时间取决于炉温、面团重量和体积、配方成分高低、面团是否装模及加盖等。一般面包的烘焙时间在12～35 min范围内。

体积小、重量轻的面包，适宜采用高温短时间烘焙；体积大、重量大的面包，应适当降低炉温，延长烘焙时间。装模的面包比不装模的烘焙时间长；装模加盖的面包比不加盖的烘焙时间长。

高成分配方的面包需要较低温度、较长时间烘焙；低成分面包则需要较高温度、较短时间烘焙。

第三章 面包制作的评价及常见问题

第一节 面包制作的评价

一、鉴定外形

外形包括体形、色泽两个方面。

1. 体形

体形均匀、对称，体态圆润，外皮薄、没有裂纹和皱纹的面包为上品。

2. 色泽

用料一流、发酵和烘焙良好、含糖适宜、工艺高超的面包，外皮具有诱人的色泽。顶部为金黄色，四边为淡黄色，白面包内部为白色或乳白色。若顶部烤焦，有斑点，边缘色白，吃时黏牙，容易发霉的则为次品。

二、鉴定质感

质感包括内部组织结构和味感。

1. 内部组织结构

软面包以柔软、细腻为好，硬面包以脆而不韧为好。品质佳的面包，内部没有不规则的孔洞。

2. 味感

味感即是气味和味道。优质的面包，刚出炉的香味可吸引附近的客人前来购买。品质良好的面包，入口后不酸，没有酵母的味道，易嚼碎，不黏牙。

三、缺点分析

1. 体积小

（1）酵母量不足或酵母量多糖少，或酵母过于陈旧或储存温度过高；新鲜酵母未解冻。

（2）面粉储存太久或新鲜面粉；面粉、面筋太强或太弱。

（3）面团含糖量、盐量、油脂、牛奶太多；改良剂太多或太少；使用了软水、硬水、碱性水、硫黄水或含有亚莫尼亚气体的水，等等。

（4）面团用量和温度不当；搅拌速度、发酵的时间和温度不当。

（5）烤盘涂油太多，温度、烘焙时间配合不当，或蒸汽不足、气压太大，等等。

2. 体积过大

（1）面粉质量差，或含盐量不足。

（2）发酵时间过长。

（3）烘焙温度过低。

3. 表皮太厚

（1）面粉筋度太强，或面团量不足。

（2）油脂用量不当，或糖、牛奶用量少，或改良剂太多。

（3）发酵时间过长或缺乏淀粉酶。

（4）湿度、温度不适宜。

（5）烤盘油多。

（6）受机械损坏。

4. 头部有顶盖

（1）使用的是刚磨出来的新面粉，或筋度太低，或品质不良。

（2）面团太硬。

（3）发酵室内温度太低，或时间不足，或缺乏淀粉酶。

（4）烤炉蒸气少，或火力太高。

5. 表皮有气泡

（1）面团软。

（2）发酵不足。

（3）搅拌过度。

（4）发酵室湿度太大。

6. 表皮裂开

（1）面团配方的成分低。

（2）老面团。

（3）发酵不足，或发酵湿度太大、温度太高。

（4）烘焙时火力太大。

7. 表面无光泽

（1）缺少盐。

（2）面团配方的成分低，或改良剂太多。

（3）老面团，或撒粉太多。

（4）发酵室温度太高，或缺乏淀粉酶。

（5）烤炉蒸汽不足，或炉温低。

8. 表面有斑点

（1）奶粉没有完全溶解，或材料未拌匀，或粘上糖粉。

（2）发酵室内水蒸气凝结成水滴。

9. 表皮颜色浅

（1）水质硬度太低。

（2）面粉存放时间太长或发酵时间太长，或淀粉酶不足。

（3）奶粉、糖量不足，或改良剂太多。

（4）撒粉太多。

（5）发酵室湿度不高，或烤炉温度太低、上火不足，或烘焙时间不足。

（6）搅拌不足。

10. 表皮颜色深

原因与表皮颜色浅相反。

11. 内部有硬质条纹

（1）面粉质量不好或没有筛匀，或与其他材料如酵母搅拌不匀，或撒粉太多。

（2）改良剂、油脂用量不当。

（3）烤盘内涂油太多。

（4）发酵湿度大或发酵效果不好。

12. 内部有空洞

（1）使用了刚磨出来的新面粉。

（2）水质不符合标准。

（3）盐少或油脂硬，改良剂太多，或淀粉酶用量不当。

（4）搅拌不均匀，或过久或不足，或速度太快。

（5）发酵太久或靠近热源，或温度、湿度不适宜。

（6）撒粉太多。

（7）烘焙温度不高，或烤盘太大。

（8）整形机滚轴太热。

13. 不易储存，易发霉

（1）面粉质劣或存放太久。

（2）糖、油脂、奶粉用量不足。

（3）面团不软或太硬，或搅拌不均匀。

（4）发酵湿度不当，或温度高，或时间久，或淀粉酶作用过强。

（5）撒粉太多。

（6）面包出炉后冷却时间过长，或烤炉温度低，或蒸汽不足。

（7）包装、运输条件不好。

第二节　面包制作过程中常见的问题

1. 为什么出炉后的面包体积小？

原因有以下几个方面：

（1）酵母使用量不足，或酵母使用量多而用糖少；酵母开封过久、受潮或储存温度太高；新鲜酵母未解冻。

（2）面粉储存太久或太新鲜，或面粉筋度不够。

（3）面团含盐、糖、油脂、牛奶太多。

（4）面团搅拌过度，或面团温度过高，或发酵时间和温度不当。

（5）烤盘涂油太多，或烘焙温度过高，或烘焙时间配合不当。

2. 为什么出炉后的面包体积大、口感粗糙？

原因有以下几点：

（1）面粉质量差，或盐量不足。

（2）发酵时间太长。

（3）烤炉温度过低。

3. 为什么出炉后的面包表皮太厚？

原因有以下几点：

（1）面粉筋度太强，或面团量不足。

（2）油脂用量不当，或糖、牛奶用量少，或改良剂太多。

（3）发酵时间过长或被风干。

（4）醒发时的湿度、温度不适宜。

（5）烤盘刷油太多。

4. 为什么出炉后的面包表皮有气泡？

原因有以下几点：

（1）面团过软，或含水量大。

（2）发酵时间不足。

（3）面团搅拌时间过长。

（4）发酵时的湿度太大。

5. 为什么出炉后的面包表皮裂开？

原因有以下几点：

（1）面团配方的成分低。

（2）老面团。

（3）面团发酵不足，或发酵湿度、温度太高。

（4）烘焙时的火力太急、过大。

6. 为什么出炉后的面包表面无光泽？

原因有以下几点：

（1）面团配方中缺少盐或盐分过低。

（2）面团配方的成分低，或改良剂太多。

（3）老面团或撒粉太多。

（4）发酵室温度太高，或缺乏淀粉酶。

7. 为什么出炉后的面包内部有空洞？

原因有以下几点：

（1）使用了刚磨出来的新面粉。

（2）水质不符合标准。

（3）盐少，油脂硬，改良剂太多，淀粉酶用量不当。

（4）面团搅拌不均匀，或过久或不足，或速度太快。

（5）发酵太久或靠近热源，或温度、湿度不适宜。

（6）操作过程中撒粉太多。

（7）烤炉的温度不高，或烤盘太大。

8. 为什么出炉后的面包易发霉？

原因有以下几点：

（1）面粉品质太劣，或储存时受潮或储存时间太长。

（2）糖、油脂、奶粉用量不足。

（3）面团不软或太硬，或搅拌不均匀。

（4）面团发酵湿度不当，温度高，或发酵时间太长。

（5）操作过程中撒粉太多。

（6）面包出炉后冷却时间太长，或烤炉温度低，或蒸汽不足。

（7）包装、运输条件不好。

9. 为什么出炉后的面包头部有顶盖？

原因有以下几点：

（1）使用的是刚磨出来的新面粉，或者筋度太低、品质不良。

（2）面团太硬。

（3）发酵室内湿度太低，或发酵时间不足。

（4）烤炉的蒸气少，或火力太大。

10. 为什么出炉后的面包表面有斑点？

原因有以下两点：

（1）奶粉没有完全溶解或材料未拌匀，或沾上糖粒。

（2）发酵室内水蒸气凝结成水滴。

11. 为什么出炉后的面包表皮颜色浅？

原因有以下几点：

（1）水质硬度太低。

（2）面粉储存时间或发酵时间太长，或淀粉酶不足。

（3）奶粉、糖量不足，或改良剂太多。

（4）操作时撒粉太多。

（5）发酵室湿度不高，或烤炉湿度太低、上火不足，或烘焙时间不够。

（6）搅拌不足。

12. 为什么出炉后的面包内部有硬质条纹？

（1）面粉质量不好或没有筛匀，与其他材料如酵母搅拌不匀，或撒粉太多。

（2）改良剂、油脂用量不当。

（3）烤盘涂油太多。

（4）发酵湿度大或发酵效果不好。

实践篇

常见面包制作实例

可可吐司

材料配方

高筋面粉：1 500 克	鸡蛋：5 个
酵母：15 克	发酵油：150 克
白砂糖：350 克	食盐：15 克
奶粉：80 克	可可粉：适量
淡奶油：150 克	

可可吐司

制作过程：

① 主面除了发酵油和食盐，全部放入打面缸，并放入提前准备好的面种和热面团。

② 加入发酵油和食盐。

③ 面团打至八成能够拉起薄膜。

④ 成团起缸，松弛约 30 分钟。

⑤ 分割面团，下剂，150 克 / 个。

⑥ 放入模具（3 个装）里，醒发约 30 分钟（温度 35 ℃，相对湿度 75%）。

⑦ 刷上蛋液，放入烤箱烤制 15 ～ 18 分钟（上火 190 ℃，下火 200 ℃）。

抹茶吐司

材料配方

高筋面粉：1 500 克	鸡蛋：5 个
酵母：15 克	发酵油：150 克
白砂糖：350 克	食盐：15 克
奶粉：80 克	抹茶粉：适量
淡奶油：150 克	红豆：适量

制作过程：

① 主面除了发酵油和食盐，全部放入打面缸，并放入提前准备好的面种和热面团。

② 加入发酵油和食盐。

③ 面团打至八成能够拉起薄膜。

④ 成团起缸，松弛约 30 分钟。

⑤ 分割面团，下剂，150 克 / 个。

⑥ 擀成长条卷入红豆。

⑦ 放入模具（3 个装）里，醒发约 30 分钟（温度 35 ℃，相对湿度 75%）。

⑧ 刷上蛋液，放入烤箱烤制 15 ～ 18 分钟（上火 190 ℃，下火 200 ℃）。

南瓜吐司

南瓜吐司

材料配方

高筋面粉：1 500 克　｜　淡奶油：300 克
酵母：5 克　　　　｜　发酵油：500 克
奶粉：140 克　　　｜　食盐：30 克
白砂糖：600 克　　｜　南瓜馅：200 克

制作过程：

① 主面除了发酵油和食盐，全部放入打面缸。

② 加入发酵油和食盐。

③ 面团打至八成能够拉起薄膜。

④ 成团起缸，松弛约 30 分钟。

⑤ 分割面团，下剂，100 克 / 个，南瓜馅拌好备用。

⑥ 擀成长条卷入南瓜馅料。

⑦ 放入模具（4 个装）里，醒发约 30 分钟（温度 35 ℃，相对湿度 75%）。

⑧ 用剪刀剪口，刷上蛋液。

⑨ 放入烤箱烤制 15 ～ 18 分钟（上火 190 ℃，下火 200 ℃）。

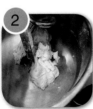

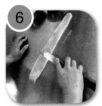

提子吐司

提子吐司

材料配方

高筋面粉：200 克　　鸡蛋：25 克
低筋面粉：50 克　　水：120 克
白砂糖：30 克　　黄油：20 克
食盐：4 克　　片状黄油：150 克
干酵母：5 克　　提子粒：200 克
奶粉：10 克　　杏仁片：适量

制作过程：

① 打好面团冷冻 1 小时，擀开包入片状黄油，三折两次，冷藏松弛 20 分钟。

② 将面团擀开，铺上提子粒，对折。

③ 切条，160 克 / 条，取 3 条编成辫子。

④ 压平。

⑤ 对折。

⑥ 放入模具，发酵 90 分钟（温度 30 ℃，相对湿度 75%），表面刷上蛋液，撒上杏仁片，放入烤箱烤制 25 分钟（上火 180 ℃，下火 120 ℃）。

櫻花吐司

樱花吐司

材料配方

面种备用：1 500 克	水：105 克
热面备用：300 克	淡奶油：300 克
主面：	发酵油：500 克
高筋面粉：1 500 克	食盐：30 克
酵母：5 克	芝士酱：适量
奶粉：140 克	杏仁片：适量
白砂糖：600 克	

制作过程：

① 主面除了发酵油和食盐，全部放入打面缸，并放入提前准备好的面种和热面团。

② 加入发酵油和食盐。

③ 面团打至八成能够拉起薄膜。

④ 成团起缸，松弛约 30 分钟。

⑤ 分割面团，下剂，100 克 / 个。

⑥ 擀成长条卷入芝士酱。

⑦ 放入模具（4 个装）里，醒发约 30 分钟（温度 35 ℃，相对湿度 75%）。

⑧ 用剪刀剪口，刷上蛋液。

⑨ 挤上发酵油，撒上杏仁片。

⑩ 放入烤箱烤制 15 ～ 18 分钟（上火 190 ℃，下火 200 ℃）。

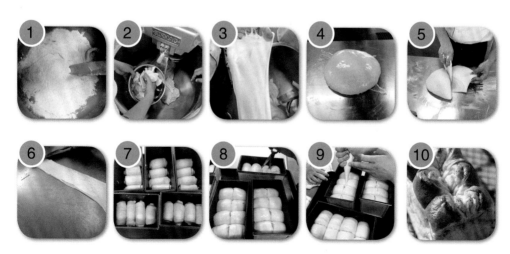

广式菠萝包

广式菠萝包

材料配方

高筋面粉：1 500 克　　发酵油：120 克
酵母：15 克　　　　　冰水：550 克
白砂糖：350 克　　　　奶粉：80 克
淡奶油：150 克　　　　鸡蛋：5 个
食盐：15 克　　　　　广式菠萝皮：适量

制作过程：

① 除了发酵油和食盐，其余材料放入打面机搅拌至七成。

② 加入发酵油和食盐搅拌均匀，至能够拉起薄膜时起缸。

③ 成团，松弛 20 分钟。

④ 分割面团，下剂，70 克 / 个。

⑤ 搓圆，醒发约 30 分钟（温度 35 ℃，相对湿度 75%）。

⑥ 盖上广式菠萝皮，用菠萝印盖上菠萝花纹。

⑦ 刷上蛋液。

⑧ 放入烤箱烤制 15 ～ 18 分钟（上火 200 ℃，下火 170 ℃）。

台式菠萝包

材料配方

高筋面粉：1 500 克　　发酵油：150 克

酵母：15 克　　　　　　冰水：550 克

白砂糖：300 克　　　　　奶粉：80 克

淡奶油：150 克　　　　　鸡蛋：3 个

食盐：15 克　　　　　　台式菠萝皮：适量

制作过程：

① 除了发酵油和食盐，其余材料放入打面机搅拌至七成。

② 加入发酵油和食盐搅拌均匀，至能够拉起薄膜时起缸。

③ 成团，松弛 20 分钟。

④ 分割面团，下剂，70 克 / 个。

⑤ 搓圆，醒发约 30 分钟（温度 35 ℃，相对湿度 75%）。

⑥ 盖上台式菠萝皮。

⑦ 刷上蛋液。

⑧ 放入烤箱烤制 15 ～ 18 分钟（上火 200 ℃，下火 170 ℃）。

蓝莓馅面包

蓝莓馅面包

材料配方

高筋面粉：1 000 克 ┊ 黄奶油：80 克
水：500 克 ┊ 鸡蛋：60 克
酵母：10 克 ┊ 烘焙专用奶粉：20 克
白砂糖：200 克 ┊ 装饰颗粒：150 克
食盐：10 克 ┊ 蓝莓果酱：100 克

制作过程：

① 将配方中的材料搅拌成面团（低速搅拌 3 分钟，然后高速搅拌 5 分钟）。

② 让面团松弛 20 分钟，分割面团，下剂，65 克 / 个，滚圆，松弛 15 分钟。

③ 将面团滚圆，在中间开出小孔洞，沾上装饰颗粒。

④ 最后醒发约 100 分钟（温度 35 ℃，相对湿度 75%）。

⑤ 刷上蛋液，入烤箱烘烤至金黄色即可（上火 200 ℃，下火 190 ℃）。

⑥ 出炉后，在面包中心窝坑处挤上蓝莓果酱。

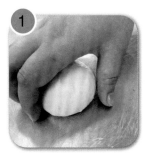

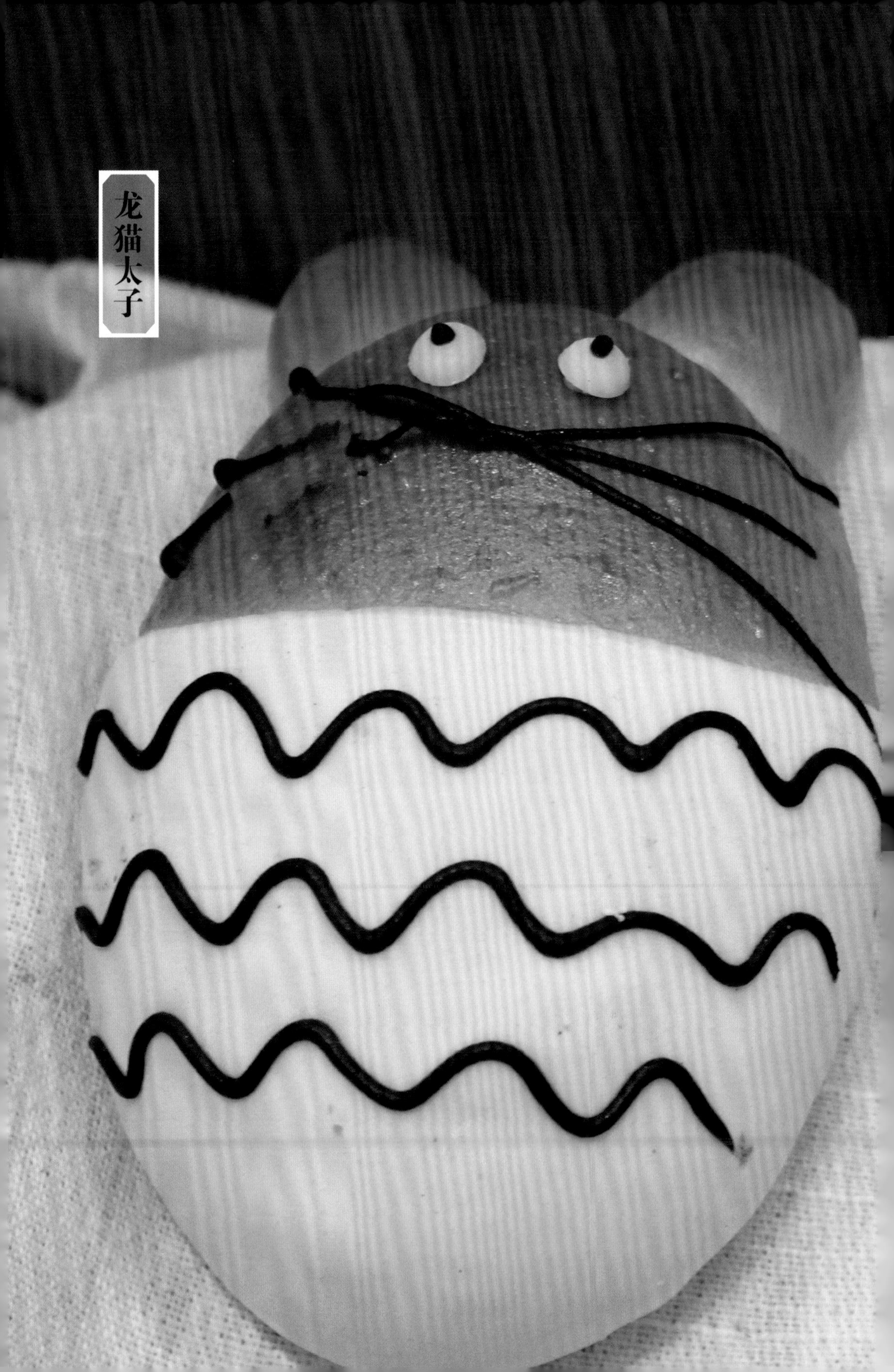
龙猫太子

材料配方

面种备用：1 500 克	白砂糖：600 克
热面备用：300 克	水：105 克
主面：	淡奶油：300 克
高筋面粉：1 500 克	发酵油：500 克
酵母：5 克	食盐：30 克
奶粉：140 克	红豆馅：适量

制作过程：

① 主面除了发酵油和食盐，全部放入打面缸。

② 加入发酵油和食盐。

③ 面团打至八成能够拉起薄膜。

④ 成团起缸，松弛约 30 分钟。

⑤ 分割面团，下剂，60 克 / 个，包入红豆馅。

⑥ 包裹成椭圆形。

⑦ 搓 2 个圆圈做龙猫耳朵（15 克 / 个），醒发约 30 分钟（温度 35 ℃，相对湿度 75%）。

⑧ 刷上蛋液，放入烤箱烤制约 15 分钟（上火 205 ℃，下火 175 ℃）。

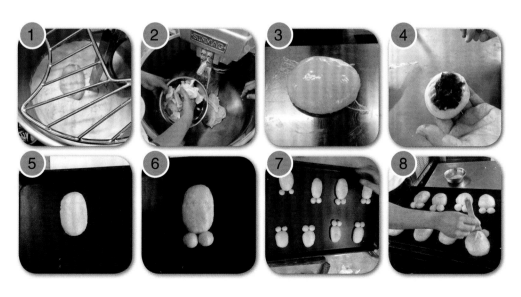

毛毛虫

毛毛虫

材料配方

高筋面粉：1 500 克　　水：105 克

酵母：5 克　　淡奶油：300 克

奶粉：140 克　　发酵油：500 克

白砂糖：600 克　　食盐：30 克

制作过程：

① 主面除了发酵油和食盐，全部放入打面缸。

② 加入发酵油和食盐。

③ 面团打至八成能够拉起薄膜。

④ 成团起缸，松弛约 30 分钟。

⑤ 分割面团，下剂，60 克 / 个，卷成长条，醒发约 30 分钟（温度 35 ℃，相对湿度 75%）。

⑥ 刷上蛋液。

⑦ 挤上泡芙，放入烤箱烤制约 15 分钟（上火 190 ℃，下火 170 ℃）。

格子面包

格子面包

材料配方

高筋面粉：1 500 克 ｜ 淡奶油：300 克
酵母：5 克 ｜ 发酵油：500 克
奶粉：140 克 ｜ 食盐：30 克
白砂糖：600 克 ｜ 红豆：适量
水：105 克 ｜ 泡芙：适量

制作过程：

① 主面除了发酵油和食盐，全部放入打面缸。

② 加入发酵油和食盐，面团打至八成能够拉起薄膜。

③ 成团起缸，松弛约 30 分钟。分割面团，下剂，70 克 / 个。

④ 包入红豆馅，搓成橄榄形，醒发约 30 分钟（温度 35 ℃，相对湿度 75%）。

⑤ 刷上蛋液。

⑥ 挤上泡芙。

⑦ 放入烤箱烤制约 15 分钟（上火 205 ℃，下火 175 ℃）。

杂粮面包

杂粮面包

材料配方

高筋面粉：500 克　　　牛奶：300 克
蜂蜜：30 克　　　　　黄油：40 克
食盐：10 克　　　　　杂粮：200 克
酵母：5 克　　　　　　可可粉：适量

制作过程：

① 除了黄油和食盐，其余材料放入打面机，打至七成加入黄油、食盐和可可粉。

② 成团起缸，松弛约 30 分钟，分割面团，下剂，30 克 / 个。

③ 刷上蛋清，沾上适量杂粮，醒发约 30 分钟（温度 35 ℃，相对湿度 75%）。

④ 刷上蛋液，放入烤箱烤制约 15 分钟（上火 200 ℃，下火 170 ℃）。

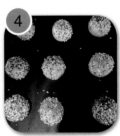

纽扣面包

纽扣面包

材料配方

面种备用：1 500 克
热面备用：300 克
主面：
高筋面粉：1 500 克
酵母：5 克
奶粉：140 克

白砂糖：600 克
水：105 克
淡奶油：300 克
发酵油：500 克
食盐：30 克
可可粉：适量

制作过程：

① 主面除了发酵油和食盐，全部放入打面缸，并放入提前准备好的面种和热面团。

② 加入发酵油和食盐，面团打至八成能够拉起薄膜，成团起缸，松弛约 30 分钟。分割面团，下剂，60 克 / 个。

③ 擀好白皮。

④ 包入甜面团，醒发约 30 分钟（温度 35 ℃，相对湿度 75%）。

⑤ 用美工刀划口。

⑥ 放入烤箱烤制约 15 分钟（上火 205 ℃，下火 175 ℃）。

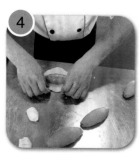

墨西哥餐包

墨西哥餐包

材料配方

面种面团：1 500 克	白砂糖：600 克
热面面团：300 克	水：105 克
高筋面粉：1 500 克	淡奶油：300 克
酵母：5 克	发酵油：500 克
奶粉：140 克	食盐：30 克

制作过程：

① 主面除了发酵油和食盐，全部放入打面缸，并放入提前准备好的面种和热面团。

② 加入发酵油和食盐，面团打至八成能够拉起薄膜。

③ 成团起缸，松弛约 30 分钟。

④ 分割面团，下剂，30 克 / 个。

⑤ 包馅（乳酪馅心）。

⑥ 摆盘（6 个一朵），醒发约 30 分钟（温度 35 ℃，相对湿度 75%）。

⑦ 刷上蛋液，挤上酥皮。

⑧ 放入烤箱烤制约 15 分钟（上火 200 ℃，下火 180 ℃）。

司那可

司那可

材料配方

高筋面粉：1 000 克　牛奶香粉：10 克

细砂糖：40 克　　　猪油：50 克

蛋清：60 克　　　　食盐：10 克

酵母：10 克　　　　卡士达馅：适量

奶粉：50 克　　　　清水：85 克

纯牛奶：50 克　　　即溶吉士粉：50 克

清水：550 克　　　椰浆：50 克

制作过程：

① 主面除了发酵油和食盐，全部放入打面缸。

② 加入发酵油和食盐，面团打至八成能够拉起薄膜，成团起缸，松弛约 30 分钟。

③ 分割面团，下剂，200 克 / 个，用擀面棍擀开松弛好的面团以排气。

④ 将面团完全展开，再将面团轻轻卷起，收口注意收紧完全黏合。

⑤ 排好后放入烤盘，醒发约 100 分钟（温度 35 ℃，相对湿度 75%）。

⑥ 放入烤箱烤制约 15 分钟（上火 190 ℃，下火 160 ℃）。

⑦ 冷却后将面包从中间切开，再挤上卡士达馅料即可。

培根芝士卷

培根芝士卷

材料配方

面种备用：1 500 克　　白砂糖：600 克
热面备用：300 克　　水：105 克
主面：　　　　　　　淡奶油：300 克
高筋面粉：1 500 克　发酵油：500 克
酵母：5 克　　　　　食盐：30 克
奶粉：140 克

制作过程：

① 主面除了发酵油和食盐，全部放入打面缸，并放入提前准备好的面种和热面团。

② 加入发酵油和食盐。

③ 面团打至八成能够拉起薄膜。

④ 成团起缸，松弛约 30 分钟。

⑤ 培根切条，放入烤箱烘香。

⑥ 乳酪切粒，加入胡椒颗粒和烘好的培根，拌好。

⑦ 分割面团，下剂，60 克 / 个。

⑧ 把拌好的培根卷入面团中，醒发约 30 分钟（温度 35 ℃，相对湿度 75%）。

⑨ 刷上蛋液，撒上一层芝士条，挤上一层沙拉酱。

⑩ 放入烤箱烤制约 15 分钟（上火 205 ℃，下火 175 ℃）。

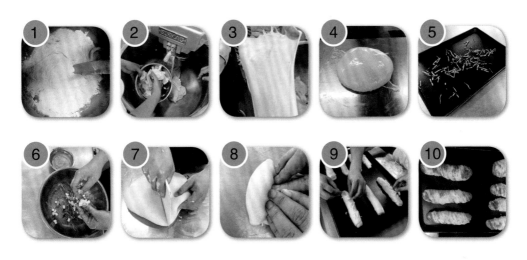

奶香芝士棒

奶香芝士棒

材料配方

面种备用：1 500 克　　白砂糖：600 克
热面备用：300 克　　　水：105 克
主面：　　　　　　　　淡奶油：300 克
高筋面粉：1 500 克　　发酵油：500 克
酵母：5 克　　　　　　食盐：30 克
奶粉：140 克

制作过程：

① 主面除了发酵油和食盐，全部放入打面缸，并放入提前准备好的面种和热面团。

② 加入发酵油和食盐，面团打至八成能够拉起薄膜。

③ 成团起缸，松弛约 30 分钟。

④ 分割面团，下剂，70 克 / 个。

⑤ 搓条（两头尖）。

⑥ 沾上干芝士，醒发约 30 分钟（温度 35 ℃，相对湿度 75%）。

⑦ 用美工刀划 3 个口，刷上蛋液。

⑧ 在划开的口上挤上发酵油。

⑨ 放入烤箱烤制约 15 分钟（上火 190 ℃，下火 170 ℃）。

黄金牛角包

黄金牛角包

材料配方

高筋面粉：2 000 克	烘焙专用奶粉：240 克
白砂糖：400 克	无盐黄奶油：1 100 克
食盐：15 克	鸡蛋：300 克
甜面包面团：1 500 克	牛奶：200 克
蛋糕油：5 克	

制作过程：

① 除甜面包面团外，其他材料投入搅拌机内搅拌。

② 待面团搅拌至八成时，投入甜面包面团，搅拌均匀即可。

③ 取出面团，松弛 30 分钟。

④ 用起酥机压薄至 3 毫米。

⑤ 用利刀切割成等腰三角形，每片约 30 克。

⑥ 由宽处往尖处卷起，卷紧成牛角形。

⑦ 放入醒发箱醒发 40 分钟（温度 35 ℃，相对湿度 80%）。

⑧ 取出，刷上蛋液，入烤箱烘烤（上火 210 ℃，下火 190 ℃），烤至金黄色即可。

甜牛角包

甜牛角包

材料配方

高筋面粉：200 克   黄油：20 克

低筋面粉：50 克   片状黄油：150 克

白砂糖：30 克   酱料：适量

食盐：4 克   糖粉：140 克

干酵母：5 克   蛋白：70 克

奶粉：10 克   杏仁粉：60 克

鸡蛋：25 克   低筋粉：40 克

水：120 克

制作过程：

① 除甜面包面团外，其他材料投入搅拌机内搅拌。

② 待面团搅拌至八成时，投入甜面包面团，搅拌均匀即可。

③ 取出面团，松弛 30 分钟。

④ 用起酥机压薄至 3 毫米。

⑤ 用利刀切割成等腰三角形，每片约 30 克。

⑥ 由宽处往尖处卷起，卷紧成牛角形。

⑦ 放入醒发箱醒发 40 分钟（温度 35 ℃，相对湿度 80%）。

⑧ 取出，挤上酱料，放入烤箱烘烤（上火 210 ℃，下火 190 ℃），烤至金黄色即可。

可颂面包

可颂面包

材料配方

高筋面粉：200 克	奶粉：10 克
低筋面粉：50 克	鸡蛋：25 克
白砂糖：30 克	水：120 克
食盐：4 克	黄油：20 克
干酵母：5 克	片状黄油：150 克

制作过程：

① 除片状黄油外，将所有材料搅拌至光滑。

② 冷冻 1 小时，擀开包入片状黄油，三折两次，冷藏松弛 20 分钟。

③ 再折一次（共三折三次），擀成 0.5 厘米厚。

④ 将擀压好的面团分割成 10 厘米 ×10 厘米 ×2 厘米的等腰三角形。

⑤ 从前往后卷，卷到中间后开始轻轻卷起，防止烘烤时面筋断裂。

⑥ 放入烤盘醒发 60 分钟（温度 30 ℃，相对湿度 75%）。醒发后表面刷上蛋液，放入烤箱烤制 16 分钟（上火 220 ℃，下火 190 ℃）。

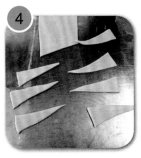

枕头面包

枕头面包

材料配方

高筋面粉：1 500 克　｜　淡奶油：300 克
酵母：5 克　　　　　｜　发酵油：500 克
奶粉 140 克　　　　　｜　盐：30 克
白砂糖：600 克　　　 ｜　开好酥皮备用
水：105 克

制作过程：

① 主面除了发酵油和盐，全部放入打面缸。

② 加入发酵油和盐，将面团打至八成，能够拉起薄膜。

③ 成团起缸，松弛约 30 分钟。

④ 切好酥皮备用（不要切太厚）。

⑤ 分割面团，下剂，30 克 / 个，然后用酥皮包裹面团。

⑥ 装入模具，醒发约 30 分钟（温度 35 ℃，相对湿度 75%）。

⑦ 刷上蛋液，放入烤箱烤制约 15 分钟（上火 205 ℃，下火 175 ℃）。

欧包

材料配方

高筋面粉：500 克
蜂蜜：30 克
食盐：10 克
酵母：5 克
发酵油：150 克

牛奶：300 克
黄油：40 克
可可粉：适量
提子：适量

制作过程：

① 主面除了发酵油和食盐，全部放入打面缸，并放入提前准备好的面种和热面团。

② 加入发酵油、食盐和可可粉，将面团打至八成，能够拉起薄膜。

③ 成团起缸，松弛约 30 分钟。

④ 分割面团，下剂，150 克 / 个。

⑤ 擀成长条，卷入提子。

⑥ 卷成圆形，收口捏紧，醒发约 30 分钟（温度 35 ℃，相对湿度 75%）。

⑦ 刷上蛋液，放入烤箱烤制约 15 分钟（上火 220 ℃，下火 200 ℃）。

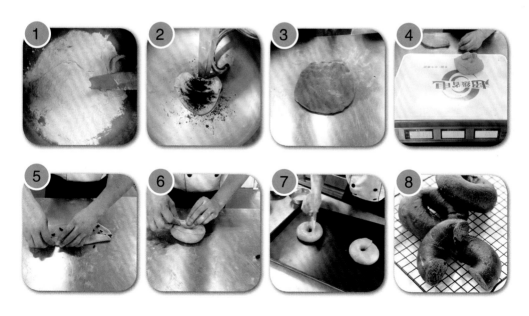

树叶面包

树叶面包

材料配方

高筋面粉：1 500 克　　水：105 克
酵母：5 克　　　　　淡奶油：300 克
奶粉：140 克　　　　发酵油：500 克
白砂糖：600 克　　　食盐：30 克

制作过程：

① 主面除了发酵油和食盐，全部放入打面缸。

② 加入发酵油和食盐，面团打至八成能够拉起薄膜，成团起缸，松弛约 30 分钟。

③ 分割面团，下剂，200 克 / 个。

④ 卷平，用手折成椭圆形，醒发约 30 分钟（温度 35 ℃，相对湿度 75%）。

⑤ 烤前撒一层高筋面粉（要撒均匀，不能太厚）。

⑥ 用美工刀划口。

⑦ 放入烤箱烤制约 15 分钟（上火 205 ℃，下火 175 ℃）。

唱片丹麦面包

唱片丹麦面包

材料配方

高筋面粉：200 克　　奶粉：10 克
低筋面粉：50 克　　鸡蛋：25 克
白砂糖：30 克　　　水：120 克
食盐：4 克　　　　黄油：20 克
干酵母：5 克　　　片状黄油：150 克

制作过程：

① 除了片状黄油，将所有材料搅拌至光滑。

② 冷冻 1 小时，擀开包入片状黄油，三折两次，冷藏松弛 20 分钟。

③ 再折一次（共三折三次），擀成 0.5 厘米厚。

④ 切成 300 克一个，放入六寸蛋糕模具中发酵 90 分钟（温度 30 ℃，相对湿度 75%）。

⑤ 刷上蛋液，放入烤箱烤制 23 分钟（上火 180 ℃，下火 220 ℃）。

附　录

自测练习

一、单项选择

1. "Bread kinfe" 是指（　　　）。

A. 锯刀　　　　B. 抹刀　　　　C. 花刀　　　　D. 面包刀

2. 硬麦质面粉常常用于制作（　　　）。

A. 面包　　　　B. 通心粉　　　　C. 馒头　　　　D. 饼干

3. 蛋糕的英文为（　　　）。

A. Cake　　　　B. Bread　　　　C. Cookie　　　　D. Pie

4. 黄油的含脂率在（　　　）。

A. 80% 以上　　B. 70% ~ 80%　　C. 60% ~ 70%　　D. 50% ~ 60%

5. 面包面团经过滚圆操作后，下列说法错误的是（　　　）。

A. 面团重新形成一层薄的表皮

B. 能够包住面团内继续产生的二氧化碳气体

C. 面团内部结实、均匀而富有光泽

D. 面团呈松弛状态，弹性增强

6. 应经常清理冷藏柜（　　　）的油泥等污物，保证良好的散热条件。

A. 内部　　　　B. 外部　　　　C. 冷凝器　　　　D. 集油

7. 牛奶的英文为（　　　）。

A. Milk　　　　B. Oil　　　　C. Rusk　　　　D. Jam

8. 麦粒在成长初期如果遇到（　　　），成熟后所生产的面粉制面包，色泽较深、结构差，并且面包体积小。

A. 虫害侵染　　B. 传染病菌感染　　C. 潮湿天气　　D. 寒霜

9. 热源的温度超过（　　　）就能造成烧伤与烫伤。

A. 30 ℃　　　　B. 45 ℃　　　　C. 60 ℃　　　　D. 80 ℃

10. 面包面团经过了分割操作，下列说法错误的是（　　　）。

A. 重新形成一层薄的表皮   B. 面团中的部分面筋网状结构被破坏

C. 面团内部部分气体消失   D. 面团呈松弛状态，韧性差

11. 干粉灭火剂是由以（   ）为主要成分的干粉与碱性钠盐干粉组成。

A. 碳酸钙   B. 碳酸氢钙   C. 碳酸氢钾   D. 碳酸氢钠

12. 面包的（   ）决定了面包的最后形状，是面包定型的最后一步。

A. 最后成型和美化装饰   B. 最后醒发

C. 装盘   D. 烘烤

13. 国家对压力容器的生产、安装、使用等有严格的限制，其中（   ）压力容器不属于限制的项目。

A. 设计   B. 检验   C. 运输   D. 修理

14. 下列不是面团必须进行中间醒置的原因的是（   ）。

A. 为了恢复面团的柔软性   B. 为了使面团松弛

C. 为了使面团重新产生气体   D. 为了便于整形顺利进行

15. （   ）是违反设备安全操作规程的做法。

A. 冰淇淋机要有电气保护和可靠接地等安全措施

B. 发现制冰机运转不正常，应马上断电，然后及时报修

C. 对制冰机内部进行清洁后开始制冰

D. 定人定时巡视冷藏柜的运转状态，并记录下来

16. "Strawberry" 是指（   ）。

A. 蓝莓   B. 胡桃   C. 草莓   D. 梨

17. 下列操作中错误的是（   ）。

A. 使用砂锅，轻拿轻放

B. 使用锅前，检查锅柄是否牢固可靠

C. 使用不粘锅时用木铲炒菜

D. 使用压力锅时在限压阀上加一小碗扣住，以免限压阀冲脱

18. "Agar" 是指（   ）。

A. 发粉   B. 乳糖   C. 琼脂   D. 胚芽

19. 烘烤混酥制品时，一般情况下，烤箱的温度低，所需的烘烤时间（   ）。

A. 一定要长   B. 相对短一些   C. 相对长一些   D. 与烤箱温度无关

20. 搓油脂与面粉混合时，手掌（　　），使面粉和油脂均匀地混合在一起。

A. 向下施力　　B. 向前施力　　　C. 向后施力　　　D. 左右施力

21. 按（　　）分类，可将西点分为蛋糕类、混酥类、清酥类、面包类、泡芙类、饼干类、冷冻甜食类、巧克力类等。

A. 点心用途　　　　　　　　　B. 点心加工工艺及坯料性质

C. 厨房分工　　　　　　　　　D. 点心温度

22. "Cream puff" 是指（　　）。

A. 泡芙　　　　B. 奶酪　　　C. 吐司　　　　D. 少司

23. 空调设备是指可以对空气进行温度、（　　）、洁净度和气流组织等处理的专门设备。

A. 湿度　　　　B. 状态　　　C. 新鲜度　　　D. 流速

24. （　　）是指食品添加剂。

A. Fresh flour　　B. Food powder　　C. Fresh cream　　D. Food additive

25. 常见的西点的分类方法有：（　　）、按西点用途分类、按厨房分工分类、按制品加工工艺及坯料性质分类。

A. 按用料分类　　　　　　　　B. 按生产量大小分类

C. 按点心造型分类　　　　　　D. 按点心温度分类

26. "Oven sheet" 是指（　　）。

A. 铲片　　　　B. 炉片　　　C. 烤盘　　　　D. 容器

27. 茶匙的英文为（　　）。

A. Wooden spoon　　B. Tea cup　　C. Tea spoon　　D. Sheet pan

28. 擀面杖的英文为（　　）。

A. Sheet　　　　B. Rolling pin　　C. Tea spoon　　D. Knife

29. 如果不经过中间醒置立即成型，则会出现（　　）。

A. 表皮易破裂，持气能力下降　　B. 表皮太软，不易成型

C. 面团弹性太强，不易操作　　　D. 面团内部气体过多

30. 对于较小的混酥面坯制品，在摆放制品时要相应地（　　）。

A. 均匀一点　　B. 疏松一点　　C. 紧凑一点　　D. 视烤盘大小调整

31. 面包进行中间醒发时，应尽量（　　），以免面团表皮结皮，品质受影响。

A. 不使面包吹风　　　　　　　B. 保持湿润空气流动

C. 不使面包暴露在空气中　　　D. 加大醒发间的湿度

32. （　　）不属于燃气设备必须与燃气类型相匹配的原因。

A. 各种燃气的压力不同　　　　B. 各种燃气的热值不同

C. 各种燃气的相对密度不同　　D. 各种燃气的燃烧速度不同

33. 西式面点的英文为（　　）。

A. West pastry　　B. West sponge　　C. West pie　　D. West cake

34. 面粉在西点制作中的工艺性能主要是由面粉中所含淀粉和（　　）的性质决定。

A. 糖　　　　　B. 蛋白质　　　　C. 水分　　　　D. 无机盐

35. "Margarine" 是指（　　）。

A. 奶油　　　　B. 人造黄油　　　C. 奶酪　　　　D. 起酥油

36. 糖的英文为（　　）。

A. Sugar　　　B. Oil　　　　C. Flour　　　D. Yeast

37. 通风设备在运转中要注意各种风口，不能有（　　）等异常现象。

A. 堵塞　　　　B. 停转　　　　C. 大噪声　　　D. 漏油

38. 美国、澳大利亚产的冬小麦面粉属于（　　）。

A. 特制面粉　　B. 高筋面粉　　C. 低筋面粉　　D. 中筋面粉

39. 札干是制作（　　）、展品的主要原料。

A. 馅料　　B. 动植物装饰品　　C. 胶冻类甜食　　D. 大型点心模型

40. 带手布用洗涤剂洗净后，再将带手布放入开水中煮（　　）。

A. 5 分钟　　　B. 10 分钟　　　C. 30 分钟　　　D. 1 小时

41. 在通常情况下，烘烤混酥类点心时，一般需用（　　）的烘烤温度。

A. 210 ～ 220 ℃　B. 200 ～ 210 ℃　C. 190 ～ 200 ℃　D. 170 ～ 190 ℃

42. 为使面团重新产气、膨松，得到制品所需的形状和较好的食用品质，大多面包制品在烘烤前都需（　　）。

A. 滚圆　　　　B. 成型　　　　C. 最后醒发　　　D. 中间醒发

43. "Syrup" 是指（　　）。

A. 砂糖　　　　B. 蜂蜜　　　　C. 饴糖　　　　D. 糖浆

44. 区分小麦品种的依据最重要的就是麦粒的软硬度和（　　　）的高低。

A. 含水量　　　　B. 含淀粉　　　　C. 含蛋白质　　　　D. 含碳水化合物

45. （　　　）是以氢化油为主要原料，添加适量的牛乳或乳制品、香料、乳化剂、防腐剂等，经混合、乳化等工序而制成。

A. 起酥油　　　　B. 人造黄油　　　　C. 色拉油　　　　D. 白脱油

46. "Piping bag" 是指（　　　）。

A. 挤花袋　　　　B. 挤花嘴　　　　C. 面粉袋　　　　D. 物料袋

47. "Sponge cake" 是指（　　　）。

A. 沙蛋糕　　　　B. 天使蛋糕　　　　C. 海绵蛋糕　　　　D. 奶酪蛋糕

48. 使用塑料烹饪器具时要满足两个基本要求：安全卫生和（　　　）。

A. 化学稳定性　　　B. 添加剂残留量　　　C. 物理稳定性　　　D. 美观

49. "Scissor" 是指（　　　）。

A. 刮板　　　　B. 剪刀　　　　C. 刷子　　　　D. 机器

50. 液化石油气必须放在（　　　）的专用房间。

A. 没有火花　　　　B. 没有明火　　　　C. 低温干燥　　　　D. 低温潮湿

51. 下列不是揉制面包面团的目的是（　　　）。

A. 使面团中的淀粉涨润黏结　　　　B. 蛋白质均匀分布

C. 产生有弹性的面筋网络　　　　D. 制品更美观

52. 在下列行为中，食品从业人员违反作业场所卫生规范的行为是（　　　）。

A. 在操作间吃东西　　　　B. 用勺品尝菜

C. 切凉菜时戴口罩　　　　D. 把钱、饭卡放在更衣室的柜子中

53. 下列行为不正确的是（　　　）。

A. 清洁带手布时，将带手布先放入清水中清洗

B. 带手布洗干净后，将其晾干

C. 带手布用碱水煮后，再用清水清洗干净

D. 带手布保证每班清洗一次

54. 揉面时要（　　　），不可无规则地乱揉。

A. 保持每个面都要揉到　　　　B. 始终保持一个光洁面

C. 始终顺着一个方向揉　　　　D. 始终保持一个力度揉

55．"Baking powder" 是指（　　　）。

A．烘烤面粉　　　　　B．发粉　　　　　C．烘烤盘　　　　　D．麦芽

56．蓝莓的英文为（　　　）。

A．Blackberry　　　　B．Mango　　　　C．Blue pear　　　　D．Blueberry

57．肉类加工设备凡是（　　　）必须加装防护罩装置，确保人身安全。

A．加料部位　　　　B．传动部位　　　　C．电源　　　　D．托盘部位

58．面粉在西点制作中的工艺性能主要是由面粉中所含（　　　）和蛋白质性质决定的。

A．水分　　　　B．脂肪　　　　C．淀粉　　　　D．矿物质

59．不粘锅在高温时会产生白色（　　　）和氟化物，污染食物。

A．升华物　　　　B．凝华物　　　　C．氯化物　　　　D．氧化物

60．面点间员工必须讲究个人卫生，着装要干净、整齐、（　　　）。

A．完整　　　　B．大方　　　　C．不露发际　　　　D．不露胳膊

61．半硬麦质面粉可用于制造（　　　）。

A．饼干　　　　B．面条　　　　C．面包　　　　D．蛋糕

62．烘焙百分比是以点心配方中面粉重量为（　　　）。

A．50%　　　　B．70%　　　　C．90%　　　　D．100%

63．柠檬的英文为（　　　）。

A．Lerry　　　　B．Lemon　　　　C．Mint　　　　D．Apple

64．"Swiss roll" 是指（　　　）。

A．甜棍　　　　B．瑞士蛋糕卷　　　　C．甜餐包　　　　D．瑞士面包棍

65．（　　　）是按产品要求把面团做成一定形状的工艺。

A．分割　　　　B．擀　　　　C．成型　　　　D．捏

66．下列不属于面点操作间的环境卫生要求的是（　　　）。

A．操作间要求干净、明亮，空气畅通、无异味

B．冰箱内外要保持清洁、无异味，物品摆放有条不紊

C．面点间员工必须持有健康证

D．严禁在操作时吸烟

67．如果带手布油污比较多，在将带手布放入开水中煮时，可在水中放适量

（　　　　）。

A. 洗衣粉　　　　　B. 柔顺剂　　　　　C. 醋　　　　D. 碱面

68. 成型时，采用（　　　　）的工艺方法可使烘烤出来的制品呈现爆裂的效果。

A. 割　　　　　B. 抹　　　　　C. 切　　　　　D. 撒

69. 高比蛋糕面粉是由软质面粉经氯气处理过的一种面粉，下列不属于氯气所起的作用的是（　　　　）。

A. 使部分面筋蛋白质发生变化　　　　　B. 提高了面粉的膨胀性

C. 提高了面粉的白度　　　　　D. 降低了 pH 值

70. 清洁消毒设备要安装在适宜操作，（　　　　）和供水、排水方便的地方。

A. 电源　　　　　B. 移动　　　　　C. 餐具放置　　　　　D. 修理

71. "Oven" 是指（　　　　）。

A. 烤炉　　　　　B. 盘子　　　　　C. 分割器　　　　　D. 勺子

72. 在面点制作中，面粉通常按（　　　　）含量的多少来分类。

A. 水分　　　　　B. 碳水化合物　　　　　C. 蛋白质　　　　　D. 脂肪

73. "Tunnel oven" 是指（　　　　）。

A. 转炉　　　　　B. 电炉　　　　　C. 成型机　　　　　D. 隧道式烤炉

74. "Use bowl" 是指（　　　　）。

A. 用刀　　　　　B. 量碗　　　　　C. 用碗　　　　　D. 量杯

75. 面粉的品质主要从面粉的含水量、颜色、面筋质和（　　　　）等方面加以检验。

A. 蛋白质量　　　　　B. 淀粉量　　　　　C. 新鲜度　　　　　D. 吸湿性

76. 软麦通常适于磨制（　　　　）面粉。

A. 面条　　　　　B. 馒头　　　　　C. 面包　　　　　D. 饼干

77. 码放面包面团时要疏密得当，如果排放过疏，易造成（　　　　）。

A. 表皮色泽过深　　　　　B. 表皮颜色不均

C. 面包体积超大　　　　　D. 面包大小不一

78. 面包面团分割的重量一般是（　　　　）。

A. 成品重量　　　　　B. 成品重量加烘烤损耗重量

C. 成品重量加称重误差量　　　　　D. 成品重量加水分、空气逸出量

79. 使用面点加工设备前应对机器的（　　　　）和机械部分进行检查。

A. 卫生　　　　B. 料斗　　　　C. 开关　　　　D. 电气

80. 制作小型混酥制品，如酥皮饼干等烘炉的温度大约为（　　）的中火。

A. 180 ℃　　　B. 190 ℃　　　C. 200 ℃　　　D. 220 ℃

81. 下列不属于自动喷淋灭火系统的是（　　）。

A. 安装在天花板上的喷头　　　　B. 水龙带

C. 供水管路　　　　　　　　　　D. 自动监测系统

82. （　　）是和面机的英文名称。

A. Toaster　　　B. Dough mixer　　　C. Oven　　　D. Sponger mixer

83. "Condensed milk" 是指（　　）。

A. 奶粉　　　　B. 浓缩奶　　　　C. 炼乳　　　　D. 奶油

84. 高筋面粉的湿面筋值在（　　）。

A. 25% 以上　　B. 30% 以上　　　C. 35% 以上　　　D. 40% 以上

85. "Toast bread" 是指（　　）。

A. 白面包　　　　B. 烤面包　　　　C. 热面包　　　　D. 吐司

86. 面包在成型操作时，不要（　　），否则会影响成品的质量。

A. 快速完成成型　　　　　　　B. 机械成型

C. 撒干面粉太多　　　　　　　D. 采用多种成型方法

87. 面点间食品存放必须做到（　　），成品与半成品分开，并保持容器的清洁卫生。

A. 不同原料分开　　　　　　　B. 不同成品分开

C. 不同半成品分开　　　　　　D. 生与熟分开

88. （　　）是用明胶片、水和糖粉调制而成的制品。

A. 果冻　　　　B. 札干　　　　C. 糖水　　　　D. 糖粉膏

89. （　　）是违反设备安全操作规程的做法。

A. 使用肥皂水进行设备检漏

B. 燃气设备坏了，请具备维修资质的专业人员修理

C. 将液化石油气放置在厨房

D. 各种燃气的品质差异很大，所以燃气设备必须与燃气类型匹配

90. "Toasted bread" 是指（　　）。

A. 庆贺蛋糕　　　　B. 烤面包　　　　C. 热面包　　　　D. 制作面包

91. 坚果的英文为（　　　）。

A. Nat　　　　B. Nut　　　　C. Mint　　　　D. Rum

92. 在面点操作间的卫生制度中，要求面点间员工必须持有健康证、（　　　）。

A. 卫生培训合格证　　　　　　B. 上岗证

C. 体检合格证　　　　　　　　D. 技能等级合格证

93. 滚圆又称（　　　）。

A. 搓圆　　　　B. 滚形　　　　C. 搓形　　　　D. 揉圆

94. （　　　）的蛋白质含量为 7%～9%，湿面筋值在 25% 以下。

A. 特制面粉　　　　B. 中筋面粉　　　　C. 高筋面粉　　　　D. 糕点粉

95. 泡芙的英文为（　　　）。

A. Sauce　　　　B. Cream puff　　　　C. Cream straw　　　　D. Noodle

96. 不带边的烤盘用英文表示为（　　　）。

A. Baking pan　　　　B. Baking sheet　　　　C. Pan　　　　D. Tin

97. （　　　）的英文为 West pastry，主要是指来源于欧美国家的点心。

A. 西式面点　　　　B. 西式糕点　　　　C. 西式面糊　　　　D. 西式饼干

98. 在面包面团装盘时，对有结头的面团要（　　　），以免影响成品的质量和美观。

A. 挑拣出来　　　　　　　　　B. 重新滚圆

C. 将结头朝上码放　　　　　　D. 将结头朝下码放

99. （　　　）是通过称量，把发酵面团分切成所需重量的小面团。

A. 捏　　　　B. 滚圆　　　　C. 分割　　　　D. 擀

100. "Knife" 是指（　　　）。

A. 秤　　　　B. 叉子　　　　C. 杯子　　　　D. 刀

101. "Rounder" 是指（　　　）。

A. 转炉　　　　B. 设备　　　　C. 成型机　　　　D. 滚圆机

102. 面粉新鲜度的检验一般（　　　）。

A. 用手感来鉴别　　　　　　　B. 通过面粉的气味鉴别

C. 用分析仪来鉴别　　　　　　D. 通过品尝来鉴别

103. 由于（　　　）的存在，面粉在制品中起着"骨架"作用，能使面坯在成熟过程中形成稳定的组织结构。

A. 淀粉和脂肪　　　　　　　B. 淀粉和水分

C. 淀粉和蛋白质　　　　　　D. 蛋白质和矿物质

104. 安装合格的空调设备不会出现（　　　）的现象。

A. 有可靠的接地　　　　　　B. 噪声小

C. 转动的机械部位有防护　　D. 超载不跳闸

105. 烘焙百分比的百分比总量（　　　）。

A. 不超过 100%　　B. 等于 100%　　C. 超过 100%　　D. 不能确定

106. 面包进行中间醒置时，其环境温度以（　　　），相对湿度在 70%～75% 之间为宜。

A. 15～20℃　　B. 20～25℃　　C. 25～30℃　　D. 30～35℃

107. 影响混酥制品成熟的因素主要有两个方面：一是（　　　），二是烘烤时间。

A. 烘烤温度　　B. 烘烤湿度　　C. 制品材料性质　　D. 烤箱大小

108. 对于那些体积较大、较厚的混酥类制品，需要（　　　）的烘烤。

A. 高温、短时间　　　　　　B. 高温、长时间

C. 低温、短时间　　　　　　D. 低温、长时间

109. 揉面时用力要（　　　）。

A. 轻柔　　　B. 轻重适当　　　C. 大　　　D. 缓重

110. "Saw kinfe"是指（　　　）。

A. 锯刀　　B. 抹刀　　C. 剪刀　　D. 面包刀

111. 起酥的英文为（　　　）。

A. Cream puff　　B. Puff pastry　　C. Pastry Cream　　D. Muffin

112. 中间醒置又称（　　　）。

A. 中间发酵　　B. 中间成型　　C. 静置　　D. 松弛

113. 西式面点主要是指来源于（　　　）的点心。

A. 中国以外的国家　　　　　B. 西方国家

C. 北美国家　　　　　　　　D. 欧美国家

114. "Apple pie"是指（　　　）。

A. 水果派 B. 香蕉派 C. 苹果塔 D. 苹果派

115. 酸奶的英文为（   ）。

A. Acid milk B. Yogurt C. Cheese D. Dairy

116. "Add salt"是指（   ）。

A. 发粉 B. 加盐 C. 琼脂 D. 加糖

117. 面包的最后成型及美化装饰决定了面包的（   ），是改变面包成品性质的重要阶段。

A. 大小和形状 B. 风格和口味 C. 体积和色泽 D. 气味和口味

118. 制作风登糖时需要加入一定量的葡萄糖，如果没有葡萄糖，可以用（   ）替代。

A. 玉米糖浆 B. 淀粉或明胶 C. 苹果汁 D. 醋精或柠檬酸

119. 低筋面粉适于制作（   ）等。

A. 饼干、蛋糕、松酥饼 B. 饼干、泡芙、馅饼
C. 蛋糕、泡芙、松酥饼 D. 饼干、重型水果蛋糕

120. 厨房常用的化学灭火设备有(   )、二氧化碳灭火器和卤代烷灭火器等。

A. 二氧化硫灭火器 B. 1211灭火器
C. 泡沫灭火器 D. 干粉灭火器

121. 下面原料中不属于糖或糖的制品的是（   ）。

A. Cane sugar B. Syrup C. Spice D. Honey

122. 折叠面团的英文为（   ）。

A. Fold dough B. Fold bread C. Coat dough D. Blend bread

123. （   ）是苏打粉的英文。

A. Baking soda B. Baking cake C. Cocoa powder D. Soft water

124. 我们常用的肉类加工设备有绞肉机、肉类切片机和（   ）。

A. 绞馅机 B. 灌肠机 C. 锯骨机 D. 剔骨机

125. 面粉的熟化是指面粉在贮存期间，空气中的氧气自动氧化面粉中的（   ），并使面粉中的还原性氢团转化为双硫键，从而使面粉色泽变白，面粉的性能得到改善。

A. 蛋白质 B. 淀粉 C. 脂肪 D. 色素

126. 中筋面粉的蛋白质含量为（　　）。

A. 5%～8%　　　B. 9%～11%　　　C. 12%～15%　　　D. 16%～20%

127. 对于一个面点间员工，下列着装只有一处错误的是（　　）。

A. 帽子不干净，不刮胡须，纽扣齐全，领带整洁

B. 工作鞋干净，围裙上有少许油污，帽子干净整洁

C. 工服整洁，领带整洁，佩戴名牌端正

D. 每天更换干净整洁的工服和围裙，头发露出帽檐，不佩戴名牌

128. "Corn starch" 是指（　　）。

A. 玉米糖浆　　　B. 玉米淀粉　　　C. 小麦粉　　　D. 小麦淀粉

129. 中筋面粉一般用于制作（　　）等。

A. 起酥点心、蛋糕　　　　　　　B. 饼干、蛋糕、甜酥点心

C. 重型水果蛋糕、肉馅饼　　　　D. 肉馅饼、松酥饼

130. "Pudding" 是指（　　）。

A. 泡芙　　　B. 木司　　　C. 布丁　　　D. 巴菲

131. 面团分割一般有手工分割和机器分割两种，手工分割有利于（　　）。

A. 分割形态的一致　　　　　　　B. 分割重量的准确

C. 保护面坯内酵母的继续发酵　　D. 保护面坯内的面筋质

132. 低筋面粉又称弱筋面粉或（　　）。

A. 饼干粉　　　B. 糕点粉　　　C. 低比粉　　　D. 弱力粉

133. 面粉保管的环境温度在（　　）最为理想。

A. 15 ℃以下　　　B. 15～18 ℃　　　C. 18～24 ℃　　　D. 24～28 ℃

134. 勺子的英文为（　　）。

A. Spoon　　　B. Cup　　　C. Tin　　　D. Mold

135. "Flour" 是指（　　）。

A. 糖　　　B. 盐　　　C. 鱼胶　　　D. 面粉

136. 下列不属于面点间员工个人着装的总体要求的是（　　）。

A. 干净、整齐，不露发际

B. 领带整洁，名牌端正

C. 工作服、工作帽穿戴工整，系好风纪扣

D. 男不留胡须，女不染指甲

137. 目前使用的冷藏柜大多数采用（   ）的冷藏方式。

A. 风冷　　　　B. 水冷　　　　C. 气冷　　　　D. 液冷

138. "molder"是指（   ）。

A. 成型机　　　B. 模具　　　　C. 刷子　　　　D. 叉子

139. 冰淇淋的英文为（   ）。

A. Ice cream　　B. Ice bread　　C. Froze cream　　D. White bread

140. 面点操作间的地面应保证每班次（   ）。

A. 清洁一次　　B. 清洁两次　　C. 多次清洁　　D. 随意清洁

141. 我国的标准粉属于（   ）。

A. 高筋面粉　　B. 低筋面粉　　C. 中筋面粉　　D. 面包粉

142. 面团成型过程中，滚圆的目的是（   ）。

A. 使面团形状更加规则统一

B. 使面团内部的气体逸出一部分

C. 使面团更加柔软，有利于下一步的操作

D. 恢复面团的网状结构，防止分割后面团内气体的逸漏

143. 中筋面粉的湿面筋值为（   ）。

A. 40%左右　　B. 35%～40%　　C. 25%～35%　　D. 25%以下

144. 面粉在贮存期间，面粉中的硫氢键转化为双硫键，从而改善了面粉的性能，这种现象称为（   ）。

A. 淀粉的糊化　　B. 淀粉的老化　　C. 面粉的熟化　　D. 面粉的陈化

145. 黑森林蛋糕的英文为（   ）。

A. Marble cake　　B. Cheese cake　　C. Black cake　　D. Blackforest cake

146. 安装合格的通风设备不会出现（   ）的现象。

A. 有可靠的接地　　　　　　B. 噪声小

C. 运转平稳　　　　　　　　D. 转动的设备用手可触到

147. 风登糖是以（   ）为主要原料，用适量水加5%～10%的葡萄糖熬制，并经反复搓叠而成。

A. 糖粉　　　B. 砂糖　　　C. 面粉、糖粉　　　D. 牛奶、砂糖

148. 现代厨房的通风设备主要是简单强制排风系统和（　　　）。

A．排风扇　　　　B．吊扇　　　　　C．抽油烟机　　　　D．换气扇

149. 巧克力的英文为（　　　）。

A．Crust　　　　B．Essence　　　　C．Chocolate　　　　D．Cocoa

150. "Tool"是指（　　　）。

A．刀　　　　B．盆　　　　C．叉子　　　　D．工具

151. "Container"的中文是（　　　）。

A．罐头　　　　B．容器　　　　C．量杯　　　　D．烤箱

152. "Brush"的中文是（　　　）。

A．炸　　　　B．打　　　　C．煮　　　　D．刷

153. （　　　）是电炉子的英文。

A．Revolving oven　　　B．Tunnel oven　　　C．Electrical stove　　　D．Electrical lamp

154. 切酥皮类的糕点应选用（　　　）。

A．平刀　　　　B．锯齿饼刀　　　　C．分刀　　　　D．砍刀

155. 将面粉与油脂融合在一起的操作手法称为（　　　）。

A．搓　　　　B．捏　　　　C．割　　　　D．擀

156. 马司板又称（　　　）。

A．克司得　　　　B．糖粉膏　　　　C．杏仁膏　　　　D．蛋白膏

157. 在面包的最后成型及美化装饰阶段，普通的软质面包只要（　　　）即可入炉烘烤。

A．刷上糖水　　　　　　　　B．刷上蛋液、撒上椰丝

C．刷上糖水、割一划口　　　　D．刷上蛋液、撒上芝麻

158. 清洁带手布时，首先用（　　　）洗净带手布。

A．碱　　　　B．洗涤剂　　　　C．清水　　　　D．酸

159. 如果面包面团不经过最后醒发就立即进行烘烤，烘烤出来的面包一般不会是（　　　）。

A．体积小，内部组织粗糙，颗粒紧密

B．体积小，内部组织疏松，顶部形成硬壳

C．体积大，内部组织细密，顶部形成硬壳

D. 体积大，内部组织疏松、柔软

160. （   ）是违反设备安全操作规程的做法。

A. 发现机器异常马上停机，并切断电源

B. 将大块原料投入搅拌器中打碎

C. 使用专用工具向机器里送料

D. 使用燃气设备，调节调风板，使火焰呈蓝色

161. 面包面团经过中间醒置后，体积慢慢恢复膨大，质地逐渐变软，这时即可进行面包的（   ）操作。

A. 成型　　　　　B. 滚圆　　　　　C. 装盘　　　　　D. 醒发

162. 在当代，（   ）是厨房中应用最为广泛的烹调器具材料。

A. 陶瓷　　　　　B. 铝材　　　　　C. 钢材　　　　　D. 铜材

163. （   ）是指面坯中的油脂从水面皮层溢出。

A. 脱水　　　　　B. 起泡　　　　　C. 溢油　　　　　D. 跑油

164. 麦芽的英文为（   ）。

A. Malt　　　　　B. Milk　　　　　C. Rye　　　　　D. Oil

165. 冷藏柜要放置在通风、（   ）且不受阳光直射的地方。

A. 干燥　　　　　B. 清洁　　　　　C. 远离加工设备　　　　　D. 远离热源

166. 西式面点是以（   ）为主要原料，加以一定的辅料，经过一定加工而成的营养食品。

A. 面粉、油脂、水果和乳品

B. 面粉、糖、油脂、鸡蛋和乳品

C. 面粉、糖、油脂、巧克力和鸡蛋

D. 面粉、糖、油脂、巧克力和乳品

167. 一般情况下，面粉在（   ）的湿度环境中保管较为理想。

A. 45%～55%　　　B. 55%～65%　　　C. 65%～75%　　　D. 75%～80%

168. 面点间员工着装要求，男不留胡须，女（   ）。

A. 不留长发　　　　B. 不染头发　　　　C. 不留指甲　　　　D. 不染指甲

169. "Cheese"是指（   ）。

A. 奶酪　　　　　B. 黄油　　　　　C. 布丁　　　　　D. 酸奶

170. 适当的(　　)的操作会使面团产生有弹性的面筋网络,增强面团的劲力。

A. 揉　　　　B. 搓　　　　C. 割　　　　D. 擀

171. 厨师在选择刀具时,要考虑其(　　)和几何形状,尽量与操作相匹配,以减少劳动损伤。

A. 大小　　　　B. 锋利程度　　　　C. 加工用途　　　　D. 重量

172. 在下列行为中,食品从业人员没有违反作业场所卫生规范的行为是(　　)。

A. 在操作间里抽烟　　　　　　B. 把钱、饭卡放在衣服口袋中

C. 消毒后的餐具用抹布擦干　　　　D. 切凉菜时戴口罩

173. 巴菲的英文为(　　)。

A. Parfait　　　　B. Puffait　　　　C. Cream　　　　D. Souffle

174. 面点操作间要求地面保证每班次清洁一次,(　　)每日打扫一次。

A. 下水道　　　　B. 绞馅机　　　　C. 案板　　　　D. 灶具

175. 跑油一般多指(　　)的制作中易发生缺陷。

A. 清坯面坯　　　　B. 混酥面坯　　　　C. 面包面团　　　　D. 泡芙面糊

176. 油脂在面团中使面团的(　　)减弱,而疏散性和可塑性增强。

A. 弹性和乳化性　　　　　　B. 乳化性和亲水性

C. 延伸性和游离性　　　　　　D. 弹性和延伸性

177. (　　)是以点心配方中面粉重量为100%,其他各种原料的百分比是相对于面粉的多少而言,这种百分比总量超过100%。

A. 重量百分比　　B. 体积百分比　　C. 焙烤百分比　　D. 实际百分比

178. 刀具应放置在一定的地方,下列中放置刀具正确的是(　　)。

A. 放在水中　　B. 放在料盆中　　C. 放在案板上　　D. 放在案板下

179. "Almond"是指(　　)。

A. 杏仁　　　　B. 柠檬　　　　C. 杏　　　　D. 桃

180. "Whisk"是指(　　)。

A. 搅拌　　　　B. 刮平　　　　C. 抽打　　　　D. 擀

181. 下列不属于正确使用压力锅的操作方法的是(　　)。

A. 使用之前检查密封胶圈　　　　B. 使用之前检查安全保险装置

C. 使用匹配的限压阀　　　　　　　D. 当压力锅稍冷却后强行打开锅

182. （　　）是符合设备安全操作规范的。

A. 燃气源与设备之间用软管连接

B. 调节燃气设备的调风板，使火焰呈黄色

C. 厨房操作员拆卸燃气设备进行内部检修

D. 液化石油气直立放在通风干燥、没有明火的专用房间

183. 下列说法正确的是（　　）。

A. 使用燃气设备时，要注意调节调风板，使火焰呈黄色为佳

B. 使用压力锅不能超过其规定的使用年限

C. 使用微波炉必须空载预热

D. 机械、电气设备出现故障时，可由厨房工作人员维修

184. "Sauce" 是指（　　）。

A. 面条　　　　B. 木司　　　　C. 吐司　　　　D. 少司

185. "Whole wheat bread" 是指（　　）。

A. 全麦面包　　B. 白面包　　　C. 整个面包　　D. 制作面包

186. "Vanilla" 是指（　　）。

A. 淀粉　　　　B. 调味品　　　C. 香草香精　　D. 糖浆

187. "Butter" 是指（　　）。

A. 奶油　　　　B. 人造黄油　　C. 奶酪　　　　D. 起酥油

188. "Sweet roll" 是指（　　）。

A. 甜棍　　　　B. 冰棍　　　　C. 甜餐包　　　D. 冰霜

189. 下列清洗工作中，方法不正确的是（　　）。

A. 清理地面时，先将地面扫净，倒掉垃圾，然后擦拭地面

B. 将墩布沾蘸后，拧去墩布表面的水分，按次序、有规律地擦拭地面

C. 用扫帚将案台上的面粉清扫干净，将扫得的面粉直接倒回面桶

D. 工作台上的面污、黏着物用刮刀刮下

190. 在用力大或频繁摩擦的加工制作中宜使用（　　）炊具。

A. 铝合金　　　B. 不锈钢　　　C. 铸铁　　　　D. 陶瓷

191. 进行搓制面包面团时，下列说法不正确的是（　　）。

A. 双手动作要协调、用力均匀 B. 搓条要粗细均匀

C. 搓的时间要稍长，搓均匀 D. 搓时用力不宜过猛，以免断裂

192. "Almond tart" 是指（　　　）。

A. 苹果挞 B. 杏排 C. 杏仁挞 D. 柠檬挞

193. 面包的最后成型及美化装饰多种多样，但最基本的工艺方法有（　　　）、切、割等。

A. 刷、剪、捏、撒 B. 刷、擀、压、撒

C. 撒、搓、压、剪 D. 刷、剪、压、撒

194. 使用塑料烹饪器具时要满足两个基本要求：（　　　）和化学稳定性。

A. 物理稳定性 B. 不变形 C. 美观大方 D. 安全卫生

195. "Walnut" 是指（　　　）。

A. 杏仁 B. 柠檬 C. 杏 D. 核桃

196. 如果身上着火，下列行为中错误的是（　　　）。

A. 用灭火器扑灭 B. 马上脱下衣服

C. 跳入冷水中使火焰熄灭 D. 用手扑打

197. "Add flour" 是指（　　　）。

A. 加入糖 B. 加入面粉 C. 冷冻面粉 D. 搅拌面粉

198. 低筋面粉的湿面筋值在（　　　）。

A. 40%以下 B. 30%以下 C. 25%以下 D. 15%以下

199. "奶油" 的英文为（　　　）。

A. Butter B. Suger C. Plant oil D. Oil

200. 下列油脂中，熔点最高的油脂是（　　　）。

A. 起酥油 B. 黄油 C. 人造黄油 D. 花生油

二、判断题

1. （　　　）面点间员工要求佩戴名牌，且佩戴配置要明显。

2. （　　　）打发奶油是西式面点奶油加工最首要的一种加工方法。

3. （　　　）餐厅的风格决定了餐厅零点、甜点的装盘方法。

4. （　　　）面团在搅拌时，由于空气的不断进入，使面团所含蛋白质内的硫

氢键被氧化成分子间的双硫键，从而使面筋形成了三维空间结构。

5.（　　）在软质面包面团中添加蛋、奶能对发酵的面团起润滑作用，使面包制品的体积膨大而疏松。

6.（　　）竞争实际上也是劳动生产率的较量。

7.（　　）虽然果冻的成型是依靠模具完成，但果冻的形状与所用的模具的大小、形态、冷却时间有关。

8.（　　）软质面包成品内部应该组织细密、有弹性。

9.（　　）混酥面坯在擀制时，尽量不要重复擀制，因为每重复一次其成品的品质就会降低一次。

10.（　　）在用烤盘盛装蛋糕糊之前，应在烤盘中垫一层纸或刷一层油。

11.（　　）社会主义市场经济的发展，有力地促进了职业道德建设的进一步发展。

12.（　　）制作意大利黄油酱时，熬制糖水要将其糖水熬上色，以增添成品的色泽和口味。

13.（　　）构图是食品艺术创作中的前期准备，是创作前的立意。

14.（　　）果冻是用果汁、少量面粉、水、淀粉，按照一定比例调制而成的冷冻甜食。

15.（　　）西式面点甜点装盘没有一定方法，一般来讲，只要是使人产生清新悦目的美感就是佳品。

16.（　　）面团经过滚圆，使面团内部结实、均匀后，即可进行面包的成型操作。

17.（　　）淀粉供给酵母发酵所需要的能量，对酵母的生长具有重要作用。

18.（　　）结力多用于鲜果点心的保鲜、装饰及胶冻类的甜食制品。

19.（　　）对于小型的混酥类制品，如酥皮果挞、酥皮饼干等，在烘烤时，烤箱温度可适当低一些，以免烤煳。

20.（　　）蛋糕制品表面应呈金黄色，色泽均匀一致，口感绵软。

21.（　　）冰淇淋小型制冰机最重要的要求是保持清洁卫生。

22.（　　）爱祖国、爱民族、爱劳动、爱科学、爱社会主义是社会主义道德建设的基本要求。

23. （　　）如果带手布的油污比较多，可将带手布放在有碱面的开水中煮。

24. （　　）糖粉的英文为"Icing sugar"。

25. （　　）风味餐厅自助餐甜点装盘时，要注意餐盘的特点是否能突出甜点的风格特点。

26. （　　）在软质面包烘烤过程中，要经常打开烤箱门，防止部分水蒸气逸出。

27. （　　）挞借助于模具来成型，且其形状因模具的不同而不同。

28. （　　）出材率的高低与原料质量有关，与原料加工技术无关。

29. （　　）易引起沙门氏菌属食物中毒的食物是海产品。

30. （　　）在搅拌蛋糕面糊时，如果蛋液温度过高，蛋液会变得稀薄、黏性差，无法保存气体。

31. （　　）刮黄油球时应掌握好黄油的软硬度，太硬易破裂，太软则刮不出形状。一般来讲，冰箱冷藏保存的黄油较适合。

32. （　　）"Enzyme"的中文是酶。

33. （　　）水可以调节人体体温。

34. （　　）柠檬汁、醋、番茄汁等酸性物质能破坏结力的凝胶力，使果冻的成品弹性降低。

35. （　　）保管鸡蛋时必须设法闭塞蛋壳气孔，防止微生物侵入，同时注意保持适当的温度、湿度，以抑制蛋内酶的作用。

36. （　　）打发是指蛋液或黄油经机械搅打而体积增大的方法。

37. （　　）油面调制法就是先将油脂和糖一同放入搅拌缸内，高速搅拌几分钟，再加入鸡蛋等辅料的工艺方法。

38. （　　）按面包本身的质感将面包划分为软质面包、硬质面包、脆皮面包和松质面包四大类。

39. （　　）"回火"实际上是由于空气量过大，使火焰不稳定，有时甚至熄灭的现象。

40. （　　）黑麦的英文为"rye"。

参考文献

［1］王森. 面包制作入门［M］. 北京：中国轻工业出版社，2015.
［2］黎爱基. 面包制作大全［M］. 香港：饮食天地出版社，1995.